卸压开采理论与实践

李俊平 著

北 京

冶 金 工 业 出 版 社

2019

内 容 简 介

本书以卸压开采转移或释放部分高地压、消除岩爆、大变形破坏或分区破裂化效应发生的必然条件之一——"高地压"为主线，实施必要工程，着重阐述了水平至缓倾斜、急倾斜等各类采空区处理及深部作业面卸压开采的理论与方法、井巷掘进岩爆和帮膨治理的钻孔爆破卸压方法。

本书可供采矿领域从事岩土工程理论及其工程应用的科研人员及高等院校采矿工程相应专业的师生阅读，也可供水利、铁道、人防及防灾减灾领域从事岩土工程的技术人员参考。

图书在版编目（CIP）数据

卸压开采理论与实践/李俊平著. —北京：冶金工业出版社，2019. 5

ISBN 978- 7- 5024- 8079- 0

Ⅰ. ①卸… Ⅱ. ①李… Ⅲ. ①卸压—地下开采

Ⅳ. ①TD803

中国版本图书馆 CIP 数据核字（2019）第 051372 号

出 版 人 谭学余
地　　　址 北京市东城区嵩祝院北巷 39 号 邮编 100009 电话 （010）64027926
网　　　址 www. cnmip. com. cn 电子信箱 yjcbs@ cnmip. com. cn
责任编辑 宋　良 美术编辑 吕欣童 版式设计 禹　蕊
责任校对 石　静 责任印制 李玉山
ISBN 978-7-5024-8079-0
冶金工业出版社出版发行；各地新华书店经销；三河市双峰印刷装订有限公司印刷
2019 年 5 月第 1 版，2019 年 5 月第 1 次印刷
169mm×239mm；12. 5 印张；244 千字；189 页
48. 00 元

冶金工业出版社　投稿电话　（010）64027932　投稿信箱　tougao@cnmip. com. cn
冶金工业出版社营销中心　电话　（010）64044283　传真　（010）64027893
冶金工业出版社天猫旗舰店　yjgycbs. tmall. com
（本书如有印装质量问题，本社营销中心负责退换）

前　言

岩爆一般是指在深井或应力很高的地区开采（挖）时，处于极限应力状态的围岩突然发生爆发式脆性破坏的动力现象。顶板冲击地压究其发生机制是顶板断裂所诱发的断裂滑移型岩爆。其发生的充分必要条件是高地压及岩体具有岩爆倾向性。深部开采（挖）及采空区大面积分布，未得到有效治理必将导致高地压。非岩爆倾向性岩体在高应力下将发生变形破坏，岩体应力集中超过其抗压强度时易发分区破裂，这都将严重危及矿山生产的安全。

大规模深部开采已成为国内外采矿工业发展的必然趋势。据不完全统计，2015 年前国外开采超千米深的金属矿山已有 80 多座；我国已有 300 多座煤矿井的开采深度超过 600m。目前中国 2/5 的金属矿山都陆续转入深部开采，今后 10～20 年，我国金属矿山几乎都将进入 1000～2000m 的深部开采。无论上述何种情况，浅部往往需要回收矿柱并处理采空区、预防顶板冲击地压，深部需要卸压开采、转移或释放高应力。国外除采矿不发达国家外，都已经用嗣后立即充填法处理了存在和产生的采空区。可见，利用卸压开采转移或释放部分高地压，控制岩爆、大变形或分区破裂等地压显现，对当今乃至未来的矿山安全生产，都具有重要的科学意义和工程价值。

可持续发展是当今世界广泛关注的主题之一，安全生产在我国日益得到重视。在这样的国内、国际形势下，引进和吸收相关学科的新理论、新技术和新方法，不断完善和发展卸压开采的关键技术与方法，是我国矿山岩石力学研究者面临的一个重要而紧迫的任务。

本书阐述了作者近年来从事采空区处理与卸压开采的科研成果，

提出了从水平到急倾斜的各类矿体开采所遗留的采空区的处理与卸压开采新方法、井巷掘进帮臌及岩爆控制的钻孔爆破卸压方法。本书避开了地表沉陷监测与统计分析的传统观念，以井巷工程及采空区围岩应力分析为核心，对围岩进行爆破切槽放顶或松动，实现了围岩应力集中向有利于安全生产的方向重分布的科学目标；提出了从理论分析、方案设计、现场实施到效果观测的一整套可供推广借鉴的理论和实施体系，希望能对推动岩土工程和采矿技术的发展产生一定的影响。这些相关知识及倡导的研究方法，对矿床开采及岩土工程问题的解决，不无裨益。

我的研究生王红星、王晓光、张浩分别完成了第三章的动静载数值模拟、第五章的硬岩矿山采空区处理与卸压开采数值模拟和软弱围岩采空区处理与卸压开采数值模拟；相关企业提供了切实、有力的现场试验支持；周创兵教授、刘力教授、周辉研究员、卢才武教授等都提出了中肯的修改建议。在此一并表示衷心的感谢和诚挚的敬意！

衷心感谢西安建筑科技大学一流学科建设项目的资助。

书中如有不妥之处，诚请读者批评指正。

李俊平

2018 年 12 月 25 日

于西安

目　　录

1 绪 论

....

岩爆一般是指在深井或应力很高的地区开采、开挖时，处于极限应力状态的围岩突然发生的爆发式脆性破坏的动力现象，犹如炸药爆炸，常有煤（岩）体弹射、震动，大量岩块（煤）抛出，并伴有巨大声响和气浪[1,2]。目前学界还没有一个公认的岩爆定义[3~5]及分类方式[6~11]。顶板冲击地压究其发生机制，是顶板断裂所诱发的，与断裂滑移型岩爆属于同一类型，也是广义岩爆的一类[4]。齐庆新等[11]认为冲击地压和岩爆这两种术语应该区别使用，尤其在煤炭行业不能随意混淆，由于结构体的岩性明显不同，导致岩爆和冲击地压的破坏现象和破坏形式也不同，等等。

无论岩爆如何定义和分类，从岩爆机理的广泛研究中[1, 4, 7, 12~17]，人们认识到深部开采或高地压是岩爆发生的必然条件之一，岩爆发生的充分必要条件是高地压及岩体具有岩爆倾向性。高地压下在无岩爆倾向的岩体中施工不会发生岩爆，只会发生大变形破坏；在支承压力超过岩体抗压强度时还可能会发生分区破裂化效应。可见，高地压是岩爆、大变形破坏或分区破裂发生的根源。

1783 年，英国在世界上首先报道了煤矿所发生的顶板冲击地压现象后，南非、俄罗斯、德国、美国、加拿大、印度、英国等几十个国家和地区仍时有发生。但是，世界上这些先进和发达国家，随着对可持续发展的日益重视和关注，已经用嗣后立即充填法处理了存在和产生的采空区，或者加固、清理留做他用，采空区处理问题已不再成为这些国家威胁安全生产和影响地表塌陷及岩体移动的问题。近年来，韩国、中国及其他采矿不发达国家仍有顶板冲击地压事故的报道。目前中国 3/5 的金属矿山因资源枯竭已接近尾声或闭坑，其余 2/5 的金属矿山都陆续转入深部开采[18, 19]。无论上述何种情况，空场法开采时浅部往往需要回收矿柱并处理采空区，消除顶板冲击地压隐患，深部需要卸压开采，转移或释放高应力。

可见，利用卸压开采转移或释放部分高地压，控制岩爆、大变形或分区破裂等地压显现，对国内、国外当今乃至未来安全生产都具有重要的科学意义和工程价值。卸压开采的目的就是要转移或释放部分高地压[20]，使岩爆、大变形破坏或分区破裂失去发生的必然条件之一——高地压，从而确保安全生产。

1.1 深部开采（挖）及采空区存在现状

深部开采（挖）及采空区大面积分布，如未得到有效治理，必将导致高地压，这都会诱发岩爆、大变形破坏或分区破裂等地压显现，严重危及矿山生产的安全。

1.1.1 深部开采（挖）现状

大规模的深部开采已成为国内外采矿工业发展的必然趋势。在世界范围内许多深部矿井中，岩爆是导致生产中断的最主要原因之一[19]。据不完全统计，2015 年前国外开采超千米深的金属矿山已有 80 多座[18, 21~26]，其中，南非 Anglogold 有限公司的西部深井金矿采深达 3700m，南非 West Driefovten 金矿赋存于地下 600~6000m 之间，印度的 Kolar 金矿区已有 3 座矿井采深超过 2400m，俄罗斯克里沃罗格铁矿区已有捷尔任斯基、基洛夫、共产国际等 8 座矿山采准深度达 910m、开拓深度达 1570m，另外，加拿大、美国、澳大利亚一些有色金属矿山采深亦超过 1000m。我国已探明的金属储量仅为预测资源总量的 1/4~1/5[1]，一般认为开采（挖）深度硬岩达 800m、软岩达 600m 的矿井即是深井[25]。由于支承压力随采深急剧增大，矿井冲击地压、围岩大变形等灾害日趋频发，如铜陵狮子山铜矿开采深度已达 1100m、山东玲珑金矿和吉林夹皮沟金矿开采深度已达 1000m、辽宁红透山铜矿已达 1300m、冬瓜山铜矿已建成 2 条超 1000m 竖井、湘西金矿垂深已超 850m、金川镍矿垂深已超 1100m，等等，都不同程度地发生过岩爆灾害[25, 26]；此外，寿王坟铜矿、凡口铅锌矿、乳山金矿、文峪金矿、厂坝铅锌矿等[27]以及陈耳金矿、灵宝金矿、秦岭金矿、金渠金矿、金源金矿、东桐峪金矿、嵩县金牛有限责任公司、河南双鑫公司、内蒙古鑫达、铅硐山铅锌矿、东塘子铅锌矿、二里河铅锌矿、银母寺铅锌矿、湖北三鑫金铜股份公司等很多金属矿在开采中也都不同程度地发生过岩爆现象。

我国已有淮南、平顶山、鸡西等 43 个煤矿矿区的 300 多座矿井的开采深度已超过 600m，其中鸡西、开滦、北票、新汶、长广、抚顺、阜新、徐州和淮南等近 200 处矿井的开采深度已超过 800m，开采深度超过 1000m 的矿井全国有 47 处，千米深井中井深集中在 1000~1299m 的矿井约占 91.48%[28]。

今后 10~20 年我国金属矿山几乎都将进入 1000~2000m 的深部开采，我国金属矿产资源的探矿深度将达到 2000~4000m[1]。

锦屏二级水电站辅助洞、排水洞和引水隧洞在施工期间多次遭遇岩爆，其中 2009 年 11 月 28 日在开挖排水洞时发生了极强岩爆，导致盾构机（TBM）主梁折断，整个掌子面被岩爆碎石覆盖，造成 7 人死亡、1 人受伤[29]。2018 年 10 月 20 日 23 时山东郓城的龙郓煤业有限公司发生了冲击地压事故，造成 21 人遇难[30]。金川镍矿不仅发生过岩爆灾害，也实测到巷道周边的分区破裂化现象，严重加大了支护成本和难度[1]。引汉济渭、南水北调、青藏铁路、终南山隧道等工程中也都不同程度地发生过岩爆灾害[31]。总之，大规模的深部开采（挖）

已成为国内外采矿、采煤工业发展的必然趋势，水电、隧道、采矿工程近年来也常见岩爆灾害发生。

总之，大规模的深部开采（挖）已成为国内外采矿、采煤工业发展的必然趋势，水电、隧道、采矿工程近年来也常见岩爆灾害发生。利用卸压开采转移或释放部分高地压，控制岩爆、大变形等地压显现，对国内外当今乃至未来的安全生产，都具有重要的科学意义和工程价值。

1.1.2 采空区存在现状

经过几十年开采，目前我国 3/5 的金属矿山因资源枯竭已接近尾声或闭坑，其余 2/5 的金属矿山都陆续转入深部开采[25, 26]。无论上述何种情况，空场法开采时浅部往往需要回收矿柱并处理采空区，消除顶板冲击地压隐患。

以回采时的地压管理方法作为分类依据，地下开采可分为空场采矿法、充填采矿法和崩落采矿法三大类。

据对我国 18 个重点铁矿山的统计，崩落采矿法占 94.1%，空场采矿法占 5.9%。黄金矿山充填采矿法占 31%，空场采矿法占 65%，其他占 4%；有色金属矿山空场采矿法占 46.1%，充填采矿法占 19.6%，崩落采矿法占 34.3%[32]。为了提高开采效率，节约开采投资，目前我国在稳定岩体中应用空场法采矿的比例呈上升趋势[33]。

充填法和崩落法都随着开采过程及时处理了采空区；只有空场类采矿法，除非采出率很低（小于 40%）等特定条件下可以用矿柱等支撑并永久保留采空区外，通常都应当进行采空区处理，以便消除顶板冲击地压隐患；否则，仅支撑、隔离等不当处理采空区，迟早都将要发生顶板冲击地压灾害。1960 年，南非的 Coalbrock North 煤矿发生了世界上最大的一次顶板冲击地压灾难，死亡 432 人；我国邢台尚汪庄石膏矿区经 10 多年开采后，积累了大量未处理采空区，矿柱尺寸普遍偏小，在 2005 年 11 月 6 日无序开采无隔离矿柱的康立、林旺两矿交界部位的超宽、超高矿房时，诱发了顶板冲击地压，造成 33 人死亡、4 人失踪、40 人受伤[1, 34, 35]；2006 年 8 月 19 日，我国湖南石门县天德石膏矿发生了 1.8 万平方米的采空区冒落，9 名矿工被冒顶激发速度高达 274m/s 的空气冲击波（飓风）冲击致死[36]。文献 [1, 34, 35] 阐述了我国大同煤矿、江西盘古山钨矿、寿王坟铜矿、锡矿山、广西合浦恒大石膏矿等顶板冲击地压的惨痛教训，及荆襄刘冲磷矿的预测经验。2011 年，韩国及其他采矿不发达国家也有顶板冲击地压事故的报道[37~39]。

20 世纪 50~60 年代发生了数起严重的顶板冲击地压灾害后，世界各国都加大了充填采矿法所占的比重。若不利用地下空间，国外经济发达国家（美、英、法、德、意、加、日）和采矿先进国家（南非、波兰、澳大利亚、俄罗斯等），目前基本都不留采空区等待专门处理，除非是需要利用加固采空区建地下实验室、核电站或储存库等[1, 34, 35, 40, 41]。

目前，采空区问题在我国及世界上的采矿不发达国家仍大量存在，及时回收残留矿柱并处理采空区，消除顶板冲击地压隐患，迫在眉睫。

1.2　卸压开采及采空区处理传统方法综述

1.2.1　卸压开采综述

1.2.1.1　卸压理论概述

根据地压分布规律及高应力下矿床开采特征，结合笔者撰写的文献[20]，概括出六种卸压理论，现总结如下。

A　压力拱理论

1879 年 Ritter 从一深埋巷道中观察到上覆岩体对巷道围岩压力的影响微不足道，围岩自身能够支撑覆岩自重[42]。1907 年 M. M. Протодьяконов 创立了普氏理论，认为围岩开挖后自然塌落成抛物线拱形，作用在支架上的压力等于冒落拱内岩石的重量[42]。1928 年 W. Hack 等提出了压力拱概念及压力拱假说[43]。1936 年，Ime 又提出了一些压力拱的观点[44]。总之，压力拱理论的要点是：地下空间开挖以后覆岩自重重新分布形成了新的平衡的压力拱及拱内部分应力释放区；拱内围岩稍微变形且不再承受拱外上覆岩层的自重；拱外覆岩的自重通过空间四周围岩向下传递到拱脚（拱座），并由采场四周的围岩支撑，在四周围岩中表现为应力集中、轨迹线加密；由于顶板弯曲下沉而产生了离层现象，拱内岩体自下而上分为冒落带、裂隙带和弯曲下沉带。

压力拱理论适合解释开采保护层（解放层）[45~47]或免压拱内采矿[1]等卸压工艺的力学机制。但由于岩体赋存环境及结构复杂，还没有统一的理论公式可以合理计算压力拱的拱高、拱宽，卸压设计及效果评价还得借助相似模拟、数值模拟或原位测试。

B　支承压力理论

在岩层下开掘巷道或硐室时，假设围岩为理想弹塑性介质。Fenner 首先提出轴对称圆形巷道的围岩应力计算方法，随后 Kastner 进行了重要修正，K. B. Уппеней 再将 Fenner-Kastner 的轴对称圆形巷道解析解推广到一般圆形巷道和椭圆形巷道[48]，我国学者郑颖人又考虑了凝聚力的影响[1]。萨文[49]采用复变函数保角映射法和光测弹性力学法研究了矩形、直墙拱形等各种形状巷道，并用图表形式给出了它们的应力集中状况。20 世纪 80 年代以来，国内外学者都更注意研究垂直应力在卸压开采中的应用。如德国岩石力学研究中心在面积为 2m×2m 的巷道模型及长达 10m 的采场平面应变模拟试验台上施加千余吨外载，模拟了支架与围岩的相互作用关系，提出用钻孔卸压法控制冲击地压[50]；苏联学者 ШЕМЯКИН[51]认为，钻孔并孔底装药爆破法（钻爆法）能够释放支承压力积聚在巷道围岩中的弹性变形能，并引起支承压力峰值向围岩的深部转移；蒋斌松等[52]针对长圆形巷道，采用莫尔-库伦准则、非关联弹塑性分析获得其应力和变形的封闭解析解，并证明了其围岩出现破裂区后应力才重分布、垂直应力峰值才向围岩深部转移；孟进军等[53]使用复变函数法给出了椭圆形卸压孔的围岩应力分布公式，并发现椭圆卸压孔对水平应力的卸压效果不太明显，对垂直应力的卸压效果很好；陈寿峰等[54]采用全息静光弹实验，模拟了不同围压条件下巷帮钻爆法卸压，发现爆炸空腔与爆生裂隙形成弱化带后，巷道周围应力条纹由无卸压巷道的闭合条纹改变成爆破卸压的发散条纹，巷道周边的应力峰值向围岩深部转移；Wen 等[55]和张兆民[56]认为，钻孔直径和孔间距确保钻孔之间因受压而形成基本贯通的弱化带，是实现卸压开采的前提；吴健等[57]用三维相似材料模拟、UDEC 数值模拟计算了工作面前方开凿卸压孔的围岩应力分布；熊祖强等[58]用 FLAC³D 静态仿真钻孔爆破卸压，发现端面掘进的超深钻孔达到掘进进尺的 3 倍时卸压效果最好，孔底爆破比仅钻孔不装药爆破的卸压开采效果更明显，巷帮钻孔爆破的卸压效果也不是钻孔越深越好。

支承压力就是地下空间围岩上高于原岩应力的垂直应力，它仅是围岩地压的一部分。上述研究进展，奠定了支承压力理论的理论基础。综上所述，笔者认为支承压力理论的要点是：地下空间周边的支承压力分布是理论核心，钻孔或钻孔爆破引起支承压力降低或向深部转移是应用基础，钻孔、切槽或钻孔爆破形成孔间基本贯通的弱化带或大小断面巷道处在支承压力带内是应用前提。该理论的直观表象就是在垂直支承压力的平面内通过切槽、钻孔爆破等形成岩石弱化带，类似于安装一个合适的减震"弹簧"，或支承压力影响带内的小断面巷道因变形而部分释放支承压力。它适合解释切槽[59,60]、钻孔爆破[61,62]、掘小巷[63]等降低或转移垂直应力的机制。应用公式 $k_c = (1 + L/b)k_L$，$b/L = k_1 k_r$ 可以估算支承压力的应力集中系数 k_c 及峰值支承压力到巷道周边的近似水平距离或支承压力带的宽度 b[1]。其中 k_L 为开采空间的形状影响系数，长、宽比为 1 时 $k_L = 0.7$，长、宽比大于 3 时 $k_L \approx 3$；k_1 为跨度影响系数，$L = 3m$ 时 $k_1 = 1$，$L = 30 \sim 40m$ 时 $k_1 = 0.5$；k_r 为岩性影响系数，硬岩取 0.8，中硬岩取 1.5。根据该公式可方便地设计卸压钻孔的深度。

C 水平地应力与隔断开采理论

在水平构造应力和垂直地应力都比较大的复杂采矿环境，支承压力和水平构造应力都可诱发岩爆或大变形，单一降低或转移支承压力常难以克服岩爆或大变形。这时水平构造应力常是诱发岩爆或大变形的主要因素[64, 65]。在卸压开采领域，最大水平地应力理论以水平构造应力的分布为理论基础，采用施工隔断隔开开采矿体的水平构造应力，从而减小水平应力对采矿工程和人员的危害[64]。目前将这种采矿工艺称为隔断开采。

王御宇等[66]发现，垂直水平构造应力布置盘区，先回采盘区两端的采场实现隔断开采，可降低水平应力约 2.5MPa；若同时在盘区内的采场提前拉底而转移垂直应力，可降低水平应力约 4.2MPa、降低垂直应力约 6.0MPa。金川二矿采用下向胶结充填采矿，类似于将中间盘区滞后一个分段并切割其上盘，实现了卸压开采[67]。可见，在水平构造应力较大的复杂开采环境下，单一应用隔断开采可降低水平应力的幅度有限，而联合应用水平地应力与隔断开采理论及压力拱理论，同时隔断和盘区拉底，卸压开采效果更理想。谢柚生[68]对比研究了采场两侧隔断开采、切顶或拉底、上盘深孔爆破及矿块两步骤回采，发现仅切顶或拉底无卸压作用，仅隔断开采采场周边应力降低了 14.8%，上盘深孔爆破采场周边应力降低了 50.4%；矿块分两步回采时，采场周边应力降低了 63.6%。

基于上述原理，联合隔断开采理论和压力拱理论，笔者获准了国家发明专利——一种急倾斜矿体开采的采空区处理与卸压开采方法及巷道帮臌的钻孔爆破卸压方法。

D　板理论

采用长壁后退法回采水平及缓倾斜矿体，在顶板初次来压前顶板是一个四周简支或固支的板；随着板跨度增加到极限值，顶板初次来压，形成悬臂板。笔者认为板理论的要点是：切断或弱化顶板，使顶板随着回采及时垮塌，降低板（悬臂板）的挠度及因此引起的拉应力；若垮塌松散体能及时筑坝接顶，还可引导顶板应力向底板转移。

李俊平等[69]在板理论基础上，将采空区处理的切槽放顶法引入沿空留巷，控制爆破切断软帮顶板（悬臂板）并就地堆筑成坝支撑沿空留巷的顶板，不仅隔开了采空区，有利于回风，也缩短了悬臂板长度，从而降低了沿空留巷顶板到硬帮煤体上的压力，成功解决了锚杆（索）网联合支护的沿空留巷大变形、垮塌等地压显现问题。刘正和等[70]专门研究了切缝深度与岩层应力分布、应力峰值及峰值点距切缝边缘距离的关系。板理论适合解释切顶、注水或爆破弱化顶板减小悬臂板（梁）长度而实现卸压开采的力学机制。

E　卸压支护理论

冯豫[71]、郑雨天[72]总结国内外软岩支护经验，首先提出了"先柔后刚、先让后抗、柔让适度、稳定支护"，即一次卸压、二次加强支护的联合支护思想。

Kang 等[73]针对煤矿大变形软岩，又细化为"先抗后让再抗"的联合支护指导思想。贾宝山等[74]在上述思想的指导下，基于支承压力引起巷道围岩的蠕变变形，提出蠕变速度与径向应力梯度成正比的观点，并用袋装碎石充填刚性支护体后的间隙以达到释放蠕变变形实现卸压支护的目的，但未给出具体设计公式，仅根据返修出渣量定性确定支护体后的充填间隙。王襄禹等[75]根据应变软化的变形压力分析，提出按变形压力最小的塑性区半径（即临界塑性区半径）有控卸压，进而形成了卸压支护的理论雏形。

尽管可利用王襄禹等的卸压支护理论的临界塑性区半径及其对应的变形压力[75]，推导应变软化下的变形压力计算公式，但通过实施多次开挖卸压，并假定每次都新开挖 0.15m 厚来反复计算临界塑性区半径及其对应的变形压力，但所需参数太多、计算烦琐，而且部分参数的计算还需要借助其他弹塑性理论，另外个别参数意义不清。李术才等[76]设计的让压型锚索箱梁支护系统，通过在箱梁下锚索托盘与锚索锁具间安装锚索让压环，使高强锚索支护系统具有 200kN、300kN 两阶段定量让压性能，这是卸压支护理论在深部厚顶煤巷大变形控制中的成功应用范例，但支护系统还比较昂贵。

卸压支护理论能直观地解释"先柔后刚、先让后抗、柔让适度、稳定支护"的思想，但目前设计理论还处于定性或半定量阶段。

F 轴变论

1960 年，于学馥[77]在《轴变论》中首次提到椭圆轴比与应力分布的关系并进行了实际应用。Richards 等于 1978 年才解决这一问题[1]。于学馥认为，椭圆长轴与最大主应力方向一致，且满足等应力轴比条件时巷道周边均匀受压；如果椭圆长轴不能与最大主应力方向完全一致，可退而求其次——确定无拉力轴比[1, 77]。

轴变论适合解释根据主应力大小调整开挖空间的形状（轴比）而实现卸压开采的力学机制。如在倾斜矿体开采中，垂直应力较大时，应垂直采场顶底板布置矿柱；水平应力较大时，应布置水平矿柱。

总之，还没有统一公式可合理计算压力拱的拱高和拱宽，卸压支护理论还处于定性或半定量阶段，各种卸压理论都有其特定的适用领域，吸纳各种卸压理论的优点是创新复杂岩体工程的卸压开采新方法的源泉。

1.2.1.2 卸压开采方法简单分类

卸压的目的就是改善采场和巷道围岩的应力状况。李俊平从卸压机制入手，将现有的卸压施工工艺简单分为如下六类[20]。

（1）利用压力拱理论，将采场和巷道布置在低压区。如开采上下的解放层或保护层；先两端巷道式一步骤开采，再在压力拱下二步骤回采。

（2）利用支承压力理论，降低围岩强度或密度。如帮墙开槽、钻孔、钻孔爆破；注水软化帮墙；在支承压力影响带内平行工程走向开凿小断面巷道。

（3）利用最大水平地应力理论，设置"应力屏障"或隔断开采。如在采场或巷道两侧或仅上盘侧先开采或深孔爆破；在巷道底板深孔爆破防底臌制造应力屏障。

（4）利用板理论，缩短（悬臂）板的长度。如切顶支架、爆破或注水软化切断顶板，减小（悬臂）板的长度。

（5）利用卸压支护理论，实施采（掘）前卸压和采（掘）后卸压。采用施工导硐实现采（掘）前卸压[78]；改进支护结构和让压性能，设计可缩性支架，或支护体后填充袋装碎石、发泡剂等易变性材料，实现采（掘）后卸压。

（6）利用轴变论，布置采场或巷道的尺寸、形状。如将巷道主轴尽量布置在与最大主应力平行的方向，设计等应力或无拉力轴比。

可见，除了根据轴变论布置采场或巷道的尺寸或形状外，在各类卸压施工工艺中都涉及钻爆法。目前尽管还没有一种在任何复杂岩体环境中都十分有效的卸压施工工艺，但钻爆法是一种经济、简便、易变通的卸压施工工艺，也是硬岩矿山在岩爆控制或深部开采大变形控制中常用的一种卸压施工工艺，是一种很有发展前景的施工工艺。

1.2.1.3 卸压开采的研究方法综述

A 卸压开采的相似模拟

由于矿岩赋存条件及卸压开采的复杂性，目前对每种卸压机理的研究还不够深入。为了安全有效地实施卸压开采，常用光弹模拟或室内装模的相似材料模拟直观展示岩体开挖后围岩的应力转移或释放效果，分析卸压机理。

光弹模拟是将测量对象所承受的应力变化转变为光学干涉条纹的变化，从而分析模型应力分布[79]。陆渝生等[80]研究了应力光学定律的适用范围、惯性力可否忽略等，提出将应力波理论与等差条纹相结合的分析方法；于亚伦等[81]探讨了动光弹的试验方法及爆破等差与等和条纹图分析方法；励争等[82]采用动态光弹性、动态焦散线试验与边界元法相结合研究应力场变化；李彦涛等[83]应用脉冲全息干涉结合动光弹测试分析了切缝药包爆破断裂的成缝机理。该方法有如下缺点：在光弹爆破试验中拍等倾线比较困难，还需针对实际问题利用一些辅助方法或混合方法方能进行主应力分离，只能通过条纹级的变化定性确定应力变化，还不能考虑岩石的非均质、非连续和非均匀性。

室内装模的相似材料模拟，是依据现场实际地质和开采条件，按照相似理论和相似准则，制作与现场相似的模型，然后模拟开采的应变、应力分布。该方法在我国矿业（尤其煤矿）开采中应用的比较广泛。如邓喀中等[84]在相似材料模型试验的基础上获得了岩体破裂、离层裂缝发育及采动岩体碎胀规律；白义如等[85]借助其模拟了特厚煤层分层放顶煤开采规律；张强勇等[86]借助其模拟了分区破裂化现象；吴向前等[87]借助其模拟了开采保护层的卸压减震机理。尽管其较光弹模拟测试简便，能定量观测，也能适当考虑岩体的非均质、非连续和非均匀性，但模型制作费时、费力，而且比较昂贵。

总之，不论光弹模拟还是相似材料模拟，目前模拟卸压开采过程主要能满足几何相似、力学参数相似，还不能满足现场地应力、结构面、地下水、时间效应及钻孔、爆破、支护等完全相似，且相似材料及其参数不易更改。

B 卸压开采的数值模拟

数值模拟既直观，也比较经济、快捷，能随意模拟任意开采过程，但有的方法确定本构关系、边界条件及赋存条件也有其局限性。

在卸压开采模拟中主要运用的数值模拟软件有：三维弹塑性有限元程序[47, 66]，FLAC^{2D}[88]、FLAC^{3D}[56, 58, 66, 67, 76, 89~91]，ANSYS[60, 67, 92]，UDEC^{2D}[93]、UDEC^{3D}[57, 63, 94]和从细观损伤到宏观破裂的数值模拟程序RFPA^{2D}[46, 55, 95~97]、RFPA^{3D}[98]及PFC^{3D}[99]。

目前采矿工程问题数值模拟基本倾向于应用三维软件实现开挖（采）过程仿真。中国知网和 EI 数据库可查的用 RFPA^{3D}模拟的论文合计不超过 19 篇，这充分说明该软件在采矿业中还不成熟。UDEC 更适合模拟放矿等散体的地压特征。从刚性计算发展而来的 ANSYS 软件能仿真应力和位移变化，由于其收购和融合了 LS-DYNA，也能模拟爆炸瞬态波形、水力切割等，但在不引进弹塑性计算算子时，不能方便地显示塑性区的变化特性，也不适合大变形计算。三维弹塑性有限元程序比较适合岩体开挖（采）的静态过程模拟。DYNA^{3D}是模拟岩体钻孔、装药爆破、裂纹衍生及扩展全动态过程的最成熟软件[100]。FLAC^{3D}在高应力区巷道卸压支护[101]、大直径钻孔卸压[56]、掘进端面超深钻孔卸压[58]、切顶与拉底、上盘深孔爆破及两步骤回采[66]、隔断与切顶或拉底联合开采[67]、超前爆破切顶[91]、让压型锚索箱梁支护系统支护效果评价[76]、钻孔爆破防煤与瓦斯突出[90]等方面仿真岩体的应力、变形及破坏特征，显示了极强的灵活性与方便性，并能嵌入 ANSYS、DYNA 等模拟爆炸瞬态波形或爆破特征，可仿真爆破卸压开采及支护的全过程特征。但通过 ANSYS 模拟只能给 FLAC^{3D}输入一个等效某一炸药量的爆炸瞬态波形，不能输入和显示炸药爆炸、岩体粉化及裂纹扩展的全过程特征。借助 PFC^{3D}，开发嵌入了 DYNA^{3D}的 FLAC^{3D}软件，可方便地模拟炸药爆炸、岩体粉化、裂纹扩展及远区的力学效果，使钻爆法卸压开采数值模拟更接近仿真。

C 卸压开采效果的实测评价方法

无论相似模拟还是数值模拟，都有其固有的局限性或假设条件，未来卸压开采理论研究仍将遵循相似模拟、数值仿真与原位测试相结合的原则，方能显示它特有的直观性、经济性与可靠性。原位测试的方法有钻孔应力计观测[46, 63, 91]、钻孔瓦斯压力观测[47]、钻孔瓦斯流量观测[102]、巷道顶底板及两帮移近量观测[63, 103, 104]、地应力测试[68]、钻屑量观测[93, 105]、支架压力计观测[105]、微震观测[105]、支护系统受力及表面变形观测[76]、顶板离层观测[76]、现场电磁辐射监测[90]等。从应用的广度和深度看，原位应力、变形实测仍是卸压开采效果评价的常用方法。

总之，未来卸压开采理论研究仍将遵循相似模拟、数值仿真与原位测试相互验证的原则。光弹模拟可定性直观地显示卸压效果，室内装箱的相似模拟能适当地考虑岩石的非均质、非连续和非均匀性，开发嵌入了 DYNA[3D]、PFC[3D] 的FLAC[3D]软件可使钻爆法卸压开采数值模拟更接近仿真，原位应力、变形实测仍是卸压开采效果评价的常用方法。

1.2.1.4 卸压开采展望

分析卸压理论、卸压开采研究方法，得到如下主要结论及进展：

（1）深部开采（挖）及采空区大面积分布，必将导致高地压，诱发岩爆、大变形破坏或分区破裂化效应等地压显现。而卸压开采的实质，就是通过钻孔爆破诱导崩落或松动，不仅引起应力向有利于安全生产的方向重分布，使岩爆、大变形破坏或分区破裂化效应失去发生的必然条件之一——高地压，还能诱导围岩按人为预期冒落、充填、隔断采空区，技术可行，经济合理，能简便高效地按预期地压控制目标，实现围岩应力重分布，从而确保高效、安全生产。

（2）尽管目前还没有一种在任何复杂岩体环境中都十分有效的卸压施工工艺，但钻爆法是一种施工简便，方便有机结合多种卸压理论，实现围岩应力集中向有利于安全生产的方向重分布的很有发展前景的卸压开采工艺，在复杂开采环境下有机结合多种卸压理论是创新卸压施工工艺的发展方向。

（3）钻爆法是一种灵活的卸压施工工艺，开发嵌入了 DYNA[3D]、PFC[3D] 的FLAC[3D]软件是钻爆法卸压数值仿真的发展方向，未来卸压开采理论研究仍将遵循相似模拟、数值仿真与原位测试相结合的原则。

（4）压力拱和卸压支护理论还有必要继续发展和完善。提出统一公式合理计算压力拱的拱高和拱宽，完善卸压支护理论的大变形控制设计方法，这是未来的研发方向。

1.2.2 采空区处理传统方法综述

尽管爆破等施工工艺向高效率、大尺寸等方向变革，充填材料和工艺有一定新发展，但采空区处理方法仍只有 4 种基本方法及按此思想发展起来的 4 种传统联合法[34, 35, 40]。作者结合卸压开采及采空区应力分析发明的 5 种新联合法，将在 1.4 节专门介绍。

1.2.2.1 采空区处理的基本方法

A 崩落法

崩落法指崩落围岩充填采空区，分自然崩落和强制崩落两大类。文献 [34, 35] 专门论述了其特点和细分类。

菅玉荣等[106]利用硐室爆破上下盘围岩，刘玲平[107]利用中深孔爆破与废石充填，徐必根等[108]、刘福春[109] 和丁金刚等[110] 应用条形药室爆破，刘献华[111]采纳双层双侧硐室爆破和崩柱卸压，郭辉成[112]采用分台阶穿爆、侧向补孔或 VCR 爆破，尤仁锋等[113]采用硐室爆破和中深孔爆破，这些事例都是爆破工艺发展后强制崩落围岩处理采空区的具体应用。由于崩落松石充填采空区后在上部形成松石垫层，若在其下继续开采，如果不留隔离层，将在松石覆盖层下出矿，可能增大出矿的损失和贫化率。

随着爆破预处理弱化、注水软化或弱化顶板的成熟，采空区在采后不久无害地自然冒落成为可能[34, 35]。为了保护地表环境，发达国家一般不采纳崩落法处理采空场，除非应用预防性灌浆技术[114]。为了减少地表崩落沉陷，我国 20 世纪 80 年代也发展了覆岩离层注浆减沉技术[34, 35, 40]。近几年国内外在自然崩落处理采空区领域的研究主要集中在顶板沉陷监测与动态分析、可崩性分析等方面[115~117]。

B 充填法

充填法狭义上只指从坑内外通过车辆运输或管道输送废石、河沙、尾砂等充填采空区，广义上还包括用垃圾、粉煤灰、自然蓄积的水、废液等填充采空区。这种方法限制岩体移动的效果良好，一般适用于处理上部需要保护，或矿岩会发生内因火灾以及稀有、贵重、高品位矿床开采的采空区[34, 35, 40]。

为了控制采区的地表移动，1864 年，美国宾夕法尼亚某煤矿首次应用水砂充填法处理了采空区。随后逐步发展了矿房采矿嗣后充填、水力充填、机械输送充填、胶结充填、膏体充填和覆岩离层注浆减沉技术[34, 35, 40]。为了降低成本，许多矿山都应用空场法采矿嗣后充填采空区。为了实现可持续发展，环保和无公害地利用采空区建核电站、生产车间或实验室，埋藏自产垃圾、生活垃圾或核废料，储存水或废液等得以实现[41]。

充填法可分为干式和湿式充填两种。文献 [34~36] 专门论述了各自的优缺点，并给出了选用各种充填法的一般原则。为了提高开采效率，古德生等[118]在水平落矿、振动放矿和嗣后充填技术的基础上提出了无间柱连续采矿工艺。为了降低湿式充填的水患或跑浆量，近年大量应用膏体充填法并不断改进滤水、疏干工艺。文献［119，120］回顾了嗣后充填浆料的发展；文献［121～123］仅研究了充填矿柱的失效行为及沉陷控制效果；文献［124］仅研究了固体充填材料的物理力学特性、废石或注浆充填的工艺；文献［125］仅研究充填参数；文献［126～128］仅研究充填体或围岩的稳定性及岩移；文献［129～131］研究了充填料性能、充填体力学机制或影响因素。总之，未见报道采空区处理的新充填法。

C 支撑法

几乎在18世纪采矿工业一出现，就有用支撑法处理采空区的报道[132]。文献［34，35，40］专门定义了支撑法，并给出了适用条件。刘洪磊等[133]处理了桓仁铅锌矿采空区，实质就是在-560m水平沿走向应用12m厚的连续矿柱支撑顶板并隔离采空区。

实践证明，仅用矿柱支撑顶板，只能暂时缓解开采期间的地压显现，除非采出率极低，一般并不能长期避免冒顶或顶板冲击地压的发生[34,35,40]。

D 封闭隔离法

文献［34，35，40］专门给出了封闭隔离法的适用条件。采用该方法，一旦冒顶，可保证作业人员、设备、开采系统免受冒落激发的空气冲击波的干扰，平时可预防人员误入采空区而发生意外，另外还可避免矿井发生漏风或混风。

实践证明，对于大规模采空区仅用该方法很难保障完全有效；对分散、采幅不宽而又不连续的采空区，国内外很早就有应用留隔离矿壁、修钢筋混凝土等隔离墙、爆破挑顶、胶结充填封堵或顶板开"天窗"的报道[34,35,40]。

1.2.2.2 采空区处理的传统联合法

由于各基本方法均有局限性，因而就产生了传统联合法。传统联合法就是指在一个采空区处理中，同时应用上述的几种基本方法。

A 支撑充填法

为了处理密集分布的急倾斜薄脉矿体开采形成的大规模采空区，盘古山钨矿等于1973年首次共同提出了支撑充填法。文献［34，35］专门论述了其概念及优缺点，它是支撑法和废石充填法的简单联合。张雯等[134]提出的大型残留矿柱回采的采空区处理方案，实质就是支撑充填法的具体应用。

B 崩落隔离法

崩落隔离法是在崩落法实施的过程中逐步形成的，在我国铜陵、中条山等老矿业基地都有应用。文献［35］专门论述了这种采空区处理的联合法的概念及优缺点，它是崩落法和隔离法的简单联合。吕淑然[135]等提出的顶板分区崩落和隔离，实质就是崩落隔离法的具体应用。

C 矿房崩落充填法

矿房崩落充填法是俄罗斯国家有色矿冶研究设计院等在 20 世纪 90 年代共同试验成功的，适用于两步骤回采的厚大矿体，其所形成的胶结体比一般胶结充填体强度高、成本低，控制地压和岩移的效果好，文献［35］还专门论述了其概念及缺点，它是崩落法和胶结充填法的简单联合。

D 支撑片落法

支撑片落法是由李纯青等于 2001 年总结的，适用于顶板中等稳固、可自然冒落的岩体条件[34, 35, 40]，2004 年他又分析了该方法的力学原理[136]，它是自然崩落法和支撑法的简单联合。

1.2.2.3 采空区处理传统方法的特点

综上所述，采空区处理的 4 种基本方法各有其局限性。传统联合法吸收了上述 4 种基本方法的优点，克服了其局限性，而支撑充填、崩落隔离、矿房崩落充填、支撑片落只是上述基本方法中某两种方法的简单结合，还不能通过一种工艺而达到多种采空区处理基本方法的功效，且费用较昂贵，更不能像李俊平等[137,138]那样借助诱导崩落或松动而实现围岩应力集中向有利于安全生产的方向重分布。

1.3 本书提出的科学问题及关键技术问题

采空区处理问题，一直是我国及世界采矿不发达国家普遍存在且特有的采矿技术难题；卸压开采是目前深部开采的研究热点。防范顶板冲击地压，并转移或释放工作面地压，实现卸压开采，是确保作业面安全生产的技术关键。

1985 年，H. Chen[139]根据王村煤矿 8027 工作面的现场实测，首次应用二维有限元模拟坚硬顶板在采前预注水诱发崩落，缓解坚硬顶板冲击地压。随后，1998 年谢和平等[140]及 2000 年魏锦平等[141]成功应用爆破技术预处理弱化了顶板，2000 年阎少宏等[142]及 2001 年索永录[143]也成功应用注水软化或弱化了顶板，但这些诱导崩落或软化技术都不能引起采矿作业面的应力明显变化。

2001 年，李俊平等[34,35, 40, 137,138, 144]提出了控制爆破局部切槽放顶技术（切槽放顶法），可引起深部待采矿体的集中应力降低、切槽放顶带及其上部的钢筋混凝土人工连续矿柱的集中应力升高，有利于切槽放顶带及其上部的顶板冒落，并将大采空区分隔成小采空区，降低了深部采矿的难度，消除了采空区隐患。李俊平在切槽放顶法里，首次提出了一个科学思想——借助爆破诱导崩落拉应力最大处的顶板，引起应力向有利于安全生产的方向重分布，也就是引起采矿作业面的支撑力大幅度降低、切顶部位及其上部采空区中残留支撑体的支撑力大幅度增大，可降低深部采矿的支护难度，有利于切顶部位及其上部采空区的顶板冒落，从而消除采空区隐患。随后，李俊平等在一系列的研究中[145~154]拓展了上述科学思想，发明了一系列爆破诱导崩落（或松动）的新方法。

2002 年，许强等[155]从非线性科学的角度探讨了外界扰动诱发岩石力学系统失稳，发现微小的扰动便可诱发已经处于临界稳定状态的岩石力学系统失稳，强烈扰动也可以诱发接近临界稳定状态的岩石力学系统提前失稳，进一步证明了利用诱导崩落技术超前强烈扰动而诱发岩石力学系统提前失稳（切槽放顶）[144]的可行性。

2003 年，C. E. Leiva 等[156]运用水平诱导崩落技术减缓了覆岩重力向下层凿岩硐室传递，有助于保持凿岩硐室的稳定性，其实质就是在凿岩硐室上部借助平面内的爆破而形成隔开覆岩重力的水平隔断[19]。

2005 年，周宗红等[157, 158]根据桃冲铁矿采空区的位置、形态与围岩的稳固性，利用采空区做爆破自由面，采用诱导爆破崩倒一定范围内的矿柱，引起顶板自然冒落，这实质就是李俊平提出的切顶与矿柱崩落法[145]的一次成功应用。

2007~2011 年，古德生学科组[159~163]借助 RFPA[2D]等各类数值方法及相似模拟试验，分析了顶板诱导崩落过程的时变效应、可崩性，结合大型矿体开采中贫化损失及顶板连续冒落控制，提出了顶板诱导崩落综合技术，扩大了其初期在水平落矿、振动放矿和嗣后充填基础上提出的无间柱连续采矿法的应用范围[118]，并在广西大厂铜坑矿等成功应用。这实质就是切槽放顶诱导顶板像煤矿长壁后退采矿法似冒落，比李俊平 2011 年提出的切槽放顶法晚了 6 年，而且不像切槽放顶法那样强调冒落接顶与隔离、支撑及应力集中向有利于安全生产的方向重分布。

2007~2017 年，任凤玉等[164~167]在北洺河铁矿、眼前山铁矿露天转地下开拓系统中，应用诱导崩落技术增大首采分段的暴露面积从而诱导顶板自然冒落，提高了生产能力且降低了损失和贫化率，这实质就是无底柱分段崩落法和爆破诱导自然崩落法的联合应用。这种诱导冒落方法实质就是增大拉底长度，引起顶板应力集中，但其有效范围是拉底长度达到其宽度的 3 倍。这种靠增大拉底空间引起顶板应力集中而诱导的冒落，与在拉应力最大处爆破切槽放顶而诱导顶板冒落并接顶与隔离、支撑，其力学原理是有本质差异的。

2017 年，秦国震[168]根据诱导冒落原理，采用中深孔爆破诱导冒落方法有效消除了脑峪门铁矿的采空区隐患，并形成了深部无底柱分段崩落法采矿的松石覆盖层，这实质就是中深孔切槽放顶的一次成功应用。2018 年张家斌[169]在某地下矿山用深孔爆破崩落顶、底板围岩，成功处理了采空区，这又是深孔切槽放顶的一次成功应用。

可见，本书首次提出了爆破诱导崩落或松动引起应力向有利于安全生产方向重分布的科学理念，明确分析了钻孔爆破诱导崩落或松动引起作业面压应力降低、切顶部位及其上部采空区的残留支撑体表面拉应力增大，有利于作业面安全生产，有利于切顶部位及其上部采空区冒落；本书概述并提出了支承压力理论（地下空间周边的支承压力分布是理论核心，钻孔或钻孔爆破引起支承压力降低或向深部转移是应用基础，钻孔、切槽或钻孔爆破形成孔间基本贯通的弱化带或大、小断面巷道处在支承压力带内是应用前提）及板理论（切断或弱化顶板，使顶板随着回采及时垮塌，降低板（悬臂板）挠度及因此而引起的拉应力；若垮塌的松散体能及时筑坝接顶，还可引起顶板应力向底板转移）。

在上述科学理念及两理论的指导下，本书结合压力拱理论、水平地应力与隔断开采理论，提出四类安全高效卸压开采的关键技术，并获准 4 项紧密相关的国家发明专利。

1.4 卸压开采与采空区处理关键技术及其应用概况

本书提出了以下系列关键技术。

1.4.1 切槽放顶法

简称切顶，也即控制爆破局部切槽放顶技术。其技术要点是：应用控制爆破手段，分别在顶板拉应力最大的地段沿采空区走向全长实施一定深度、一定宽度的控制爆破切槽，诱使顶板最先在该地段冒落，并尽可能使冒落接顶，从而实现采空区小型化及其与深部开采系统的隔离，并将开采废石有计划地简易排入处理过的采空区，削弱可能发生的自然冒落激起的空气冲击波，最终消除冲击地压隐患，并使顶板应力向有利于安全开采的方向重分布，确保安全生产。该采空区处理的新联合法具有如下四个特点：（1）不是四种基本采空区处理方法中某几种方法的简单联合，而是通过控制爆破切槽这一种手段，既达到使顶板应力向有利于安全开采的方向重分布，又实现封闭、隔离和小型化采空区的目的，消除顶板冲击地压隐患，促进安全生产。（2）经济、简便、工作量小、施工快捷。在东桐峪金矿，2005 年前处理 430000m² 采空区，施工经费不超过 60 万元。（3）采空区处理和矿柱回收及底板清理可同时进行。（4）采空区处理不会引起地表发生明显的岩移，并可有计划地将采、掘废石排入处理过的采空区。它适用于处理允许地表岩体移动的倾角 40° 至水平矿体开采形成的采空区。

作者等在东桐峪金矿提出了切槽放顶法后，分析了其使顶板应力向有利于安全开采的方向重分布的力学机制，推导了切槽位置、切槽宽度和切槽深度的设计公式。在此基础上，还提出了薄覆岩下的切顶与矿柱崩落法及切顶深度和（悬臂）极限跨度的设计方法，并将它们应用到东桐峪金矿、辽宁金凤黄金矿业有限责任公司、黄石锶发矿业有限责任公司、黄沙坪铅锌矿、荆襄磷化集团等多个矿山的采空区处理和安全评价，及鸡西矿业集团沿空留巷的巷道地压控制。

古德生学科组周科平等[158,160]提出的顶板诱导崩落机制处理采空区，扩大了无间柱连续采矿法的应用范围，实质就是切槽放顶诱导顶板并类似长壁后退采矿法冒落。周宗红等[157]成功应用矿柱崩落的思想处理了桃冲铁矿的采空区。

1.4.2 钻孔爆破卸压技术

本书还借助爆炸动载数值模拟纠正并量化了有关学者确定的巷道钻孔爆破卸压的参数：熊祖强等[18,58]用 FLAC[3D] 静态仿真得到"在巷道掘进工作面开凿的超深卸压钻孔的深度最好是掘进进尺的3倍"不正确，得到"巷帮孔底爆破比仅钻孔不装药爆破的卸压效果更明显，钻孔深度也不是越深越好"的巷帮钻孔装药量、钻孔深度、钻孔间距及端面超深孔间距、装药量都不明确，没有证明端面和帮墙是否需要同时钻孔爆破卸压；谢文清[170]在隧道掘进端面拱腰部位以上间隔2m布置3排超深钻孔，并在隧道周边间隔2m布置振动钻孔及其装药方式，都有待商榷。

作者等用 FLAC[3D] 动态仿真并结合现场试验得到如下重要结论：（1）在掘进端面的辅助眼正中靠拱顶部位近似呈三角形布置超深钻孔较拱腰部位一字形布置更好，掘进端面与巷帮必须同时实施钻孔爆破卸压。（2）钻孔深度并不是越深越好。4m 宽以下的小断面巷道巷帮钻孔深度一般约为 2.0~2.5m，掘进端面超深钻孔深度一般为掘进循环进尺的2倍。巷帮钻孔的合理深度应处在支承压力峰值与支承压力区边界之间的中部位置，可用支承压力带的宽度公式 $b/L = k_1 k_r$ 估算。（3）超深钻孔或巷帮振动孔孔底装药量不同，爆破卸压效果不同。40mm 的小直径钻孔振动卸压，孔底装药量一般约为 40g；超深钻孔全长装药爆破的卸压效果较半长孔或仅孔底装药更好。巷帮振动爆破的孔底装药量越大，支承压力峰值降低越明显，但装药量上限应确保爆炸产生的损伤区与巷道已有的损伤区不贯通。3m 宽灰岩、大理岩巷道用 100mm 直径钻孔卸压的孔底装药量不超过 750g。在实际工程中，小直径钻孔孔底振动爆破卸压时可按钻孔断面积近似折算。（4）巷帮振动爆破的钻孔间距越小，支承压力峰值降低越明显，但其下线应确保爆破振动不扩大巷道已有损伤区范围，且在岩体深部的钻孔之间能形成基本贯通的塑性带，试验表明小直径钻孔的间距一般约为 2.0m。一般在巷道两侧的拱腰部位沿巷道轴向布置振动孔；当巷道掘进断面较大时，可以应用 3、5、7 或 9 个眼在掘进端面正中近似组成三角形，确保超深钻孔的间距约为 2.0~2.5m，钻孔离巷道轮廓线不小于 0.5m、不大于 1.0m。

根据钻孔爆破卸压的重要结论，在作者的指导下，文峪金矿安全掘进了埋深 800 ~1600m 之间的盲竖井及多条埋深超 1000m 的平巷，陈耳金矿安全掘进了埋深 700~1700m 之间的盲竖井及多条埋深超 1500m 的平巷，潼关中金黄金矿业有

限责任公司安全掘进了多条埋深超 1000m 的探矿巷道，嵩县金牛有限责任公司及
潼关潼金公司安全掘进了多条埋深超 800m 的巷道，豫灵某私企安全掘进了埋深
超 1000m 的灵宝某万米平硐，均避免了岩爆伤害。该技术还被河南金渠金矿、内
蒙古鑫达黄金矿业有限公司、凤县各铅锌矿、厂坝铅锌矿等硬岩矿山广泛应用。
该方法适合于治理支承压力引起的高地压。

在上述技术启迪下，作者等发明了巷道帮臌的钻孔爆破卸压方法，其技术要
点是：在发生帮臌的巷道侧的穿脉内钻孔松动爆破形成塑性化隔离带，隔断围岩
水平地压，从而消除高水平地压对巷道帮墙侧的挤压，减少或消除巷道帮臌量；
使松动爆破塑性化带与巷道共同处在它们的支承压力的相互影响带内，进一步向
松动爆破塑性化带转移施加在巷道上的部分垂直地压，最终达到降低巷道围岩压
力、确保巷道安全稳定的目的。笔者等还根据切槽放顶法的思想，提出了钻孔硐
室位置及深孔爆破孔口堵塞的设计方法，并成功应用于金川公司龙首矿消除巷道
帮臌。该方法适合于治理高水平地压引起的巷道帮臌。

1.4.3　硐室与深孔爆破

借助小药壶或硐室与深孔爆破，通过 V 形切槽实现急倾斜薄脉采空区的上盘
闭合，经济、高效地成功处理急倾斜薄脉采空区。该发明专利的技术要点是：每
隔 2~3 个中段就在采空区的上盘沿矿体走向实施 V 形爆破切槽，引起采空区的
上盘向 V 形切槽口发生下滑并向下盘翻转，使切槽口上部的采空区闭合或形成自
然平衡闭合拱，从而消除切槽口上部的采空区，并借助切槽或掘进切槽施工巷道
产生的废石就地充填并消除切槽口下部的采空区。

作者等提出 V 形切槽上盘闭合法后，根据应力和变形仿真，确定了切槽施工
巷道位置的布置方法及 V 形切槽药室与深孔爆破方式，并成功应用于中钢集团锡
林浩特萤石矿。该方法不仅施工成本低，而且可一次性彻底消除急倾斜薄脉采空
区及其地表沉陷危害，已在中钢集团成功应用。

在上述 V 形切槽思想的启迪下，作者等又发明了急倾斜厚大矿体阶段（分
段）矿房法开采的硐室与深孔爆破法，其技术要点是：间柱及其两侧的顶柱抽采
后，在沿走向长约 110m 的采空区上盘深孔爆破近地表或上部的三棱柱体，不仅
削弱上盘围岩的下沉荷载，避免其过度损伤，而且使采空区中充满一定高度的废
石，既削弱上部冒落激发的一定量级的冲击波（飓风），又限制上盘围岩和保留
间柱发生大尺度岩移或破坏，从而达到保护上层矿免遭破坏的目的；借助小硐室
爆破产生上盘深孔爆破的自由面；如果上盘深孔爆破产生的废石量不够，可以辅
助下盘硐室爆破。

作者等根据切槽放顶法及 V 形切槽上盘闭合法的思想，在应力分析的基础上
提出了采空区的硐室与深孔爆破法，并利用数值仿真确定了间柱及两侧底柱回收

的合理中段数目、废石充填高度，并成功应用于肃北县博伦矿业开发有限责任公司七角井铁矿矿柱回收与采空区处理。该方法适合于处理急倾斜厚大采空区，并限制上盘岩体移动，同时间隔抽采矿柱。

1.4.4　一种急倾斜矿体开采的采空区处理与卸压开采方法

在支承压力理论与压力拱理论的指导下，作者等在V形切槽及硐室与深孔爆破的启迪下，发明了该采空区处理与卸压开采方法，其技术要点是：回收完采矿区的矿柱后，使采空区上盘和下盘在深部待采矿体以上形成一个以上盘、下盘沿脉巷道的外侧完好围岩为拱脚的免压拱，从而消除上部开采形成的采空区可能造成的地压危害；并通过上盘、下盘沿脉巷道底板的下向垂直深孔爆破形成的塑性化带，隔断高水平应力对深部待采矿体的影响，最终达到深部卸压开采的目的。

作者等发明该方法后，根据技术要点，还提出了压力拱拱宽（上盘脉外巷道布置位置）、上盘或下盘脉外巷道底板隔断开采是否必须都施工、隔断开采深度、隔断开采施工工艺，并成功应用于厂坝铅锌矿、东塘子铅锌矿等上部处理采空区和深部卸压开采。

参 考 文 献

[1] 李俊平，周创兵. 矿山岩石力学（第2版）[M]. 北京：冶金工业出版社，2017.

[2] 郭树林，姚香，严鹏，等. 中国深井岩爆研究现状评述 [J]. 黄金，2009，1（30）：18-21.

[3] 马少鹏，王来贵，章梦涛. 加拿大岩爆灾害的研究现状 [J]. 中国地质灾害与防治学报，1998，9（3）：107-112.

[4] 钱七虎. 岩爆、冲击地压的定义、机制、分类及其定量预测模型 [J]. 岩土力学，2014，35（1）：1-6.

[5] 徐则民，黄润秋，罗杏春，等. 静荷载理论在岩爆研究中的局限性及岩爆岩石动力学机理的初步分析 [J]. 岩石力学与工程学报，2003，22（8）：1255-1262.

[6] Notleg K R. Interim Report on Closure Measurements and Associated Rock Mechanics Studies in the Falconbridge Mine [R]. 1966.

[7] Ortlepp W D, Stacey T R. Rockburst mechanisms in tunnels and shafts [J]. Tunnelling and Underground Space Technology, 1994, 9（1）：59-65.

[8] Board M. Numerical Examination of Mining-induced Seismicity [C]//ISRM International Symposium -EUROCK 96, 2-5 September, Turin-Italy, International Society for Rock Mechanics, 1996.

[9] 张倬元，王士天，王兰生. 工程地质分析原理 [M]. 北京：地质出版社，1994.

[10] 谭以安. 岩爆类型及其防治 [J]. 现代地质，1991，5（4）：450-456.

［11］齐庆新，陈尚本，王怀新，等．冲击地压、岩爆、矿震的关系及其数值模拟研究［J］．岩石力学与工程学报，2003，22（11）：1852-1858.

［12］Obert L, Duvall W I. Rock Mechanics and the design of structures in rock［M］. New York：J. Wiely, 1967.

［13］唐礼忠．深井矿山地震活动与岩爆监测及预测研究［D］．长沙：中南大学，2008.

［14］谢和平，Pariseau W G. 岩爆的分形特征和机理［J］．岩石力学与工程学报，1993，12（1）：28-37.

［15］李新平，贺永年，徐金海．裂隙岩体的损伤断裂理论与应用［J］．岩石力学与工程学报，1995，14（3）：236-245.

［16］潘一山，章梦涛．用突变理论分析冲击地压发生的物理过程［J］．阜新矿业学院学报，1992，11（1）：12-18.

［17］姜繁智，向晓东，朱东升．国内外岩爆预测的研究现状和发展趋势［J］．工业安全与环保，2003，29（8）：19-22.

［18］Cai M. Principles of rock support in burst-prone ground［J］. Tunnelling and Underground Space Technology, 2013, 36（7）：46-56.

［19］Diering D H. Ultra-deep level mining：Future requirements［J］. Journal of the South African Institute of Mining and Metallurgy, 1997, 97（6）：249-255.

［20］李俊平，王红星，王晓光，等．卸压开采研究进展［J］．岩土力学，2014，35（S2）：350-358，363.

［21］Gurtunca R G, Keynote L. Mining below 3000m and challenges for the South African gold mining industry［C］.// Proceedings of Mechanics of Jointed and Fractured Rock, 1998：3-10.

［22］Diering D H. Tunnels under pressure in an ultra-deep wifwatersrand gold mine［J］. Journal of the South African Institute of Mining and Metallurgy, 2000, 100（9）：319-324.

［23］Vogel M, Rast H P. AlpTransit—Safety in construction as a challenge：health and safety aspects in very deep tunnel construction［J］. Tunnelling and Underground Space Technology, 2000, 15（4）：481-484.

［24］Johnson R A. Mining at ultra-depth：Evaluation of alternatives［C］.//Proceedings of the 2nd North America Rock Mechanics Symposium, Montreal, 1996：359-366.

［25］何满朝，谢和平，彭苏萍，等．深部开采岩体力学研究［J］．岩石力学与工程学报，2005，24（16）：2803-2813.

［26］Li T, Cai M F, Cai M. A review of mining-induced seismicity in China［J］. International Journal of Rock Mechanics and Mining Sciences, 2007, 44（8）：1149-1171.

［27］姚高辉．金属矿山深部开采岩爆预测及工程应用研究［D］．武汉：武汉科技大学，2008.

［28］中国煤炭工业协会．煤矿千米深井开采技术现状［R］．2013.

［29］吴世勇，王鸽．锦屏二级水电站深埋长隧洞群的建设和工程中的挑战性问题［J］．岩石力学与工程学报，2011，29（11）：2161-2171.

［30］ 中国新闻网．国务院安委会对龙郓煤业重大冲击地压事故挂牌督办［EB/OL］．［2018-11-01］，https：//news.sina.com.cn/o/2018-11-01/doc-ihnfikve3702584.shtml.

［31］ 谭伟．引汉济渭工程超长深埋隧道岩爆防治技术研究［D］．成都：西南交通大学，2015.

［32］ 秦豫辉，田朝晖．我国地下矿山开采技术综述及展望［J］．采矿技术，2008，8（2）：1-2，34.

［33］ 邢万芳，郭树林，姚香．岩金矿山采空区处理技术探讨［J］．有色矿冶，2007，27（6）：7-10，16.

［34］ 李俊平．缓倾斜采空场处理新方法及采场地压控制研究［D］．北京：北京理工大学，2003.

［35］ 李俊平，周创兵，冯长根．矿山岩石力学——缓倾斜采空区处理的理论与实践［M］．哈尔滨：黑龙江教育出版社，2005：1-23.

［36］ 郑怀昌，宋存义，胡龙，等．采空区顶板大面积冒落诱发冲击气浪模拟［J］．北京科技大学学报，2010，32（3）：277-281，305.

［37］ Waltham T，Park H D，Suh J，et al．Collapses of old mines in Korea［J］．Engineering Geology，2011，118（1-2）：29-36.

［38］ Szwedzicki T．Geotechnical precursors to large-scale ground collapse in mines［J］．International Journal of Rock Mechanics and Mining Sciences，2001，38（7）：957-965.

［39］ Hyun-Joo Oh，Saro Lee．Integration of ground subsidence hazard maps of abandoned coal mines in Samcheok，Korea［J］．International Journal of Coal Geology，2011，86（1）：58-72.

［40］ 李俊平，钱新明，郑兆强．采空场处理的研究进展［J］．中国钼业，2002，26（3）：10-15.

［41］ 李俊平，冯长根，曾庆轩．采空场应用综述［J］．金属矿山，2002（10）：4-6.

［42］ Kovari K．Erroneous concepts behind the New Austrian Tunnelling Method［J］．Tunnels and Tunnelling，1994，26（11）：38-42.

［43］ 李奎．水平层状隧道围岩压力拱理论研究［D］．成都：西南交通大学，2010.

［44］ Li Chunlin．Rock support design based on the concept of pressure arch［J］．International Journal of Rock Mechanics and Mining Science，2006，43（7）：1083-1090.

［45］ Yuan Benqing，Zhang Yongjiang，Cao Jianjun，et al．Study on pressure relief scope of underlying coal rock with upper protective layer mining［J］．Resources and Sustainable Development，2013，734-737：661-665.

［46］ Wu Xiangqian，Dou Linming，Lv Changguo，et al．Research on pressure-relief effort of mining upper-protective seam on protected seam［J］．Procedia Engineering，2011，26：1089-1096.

［47］ 范晓刚，王宏图，胡国忠，等．急倾斜煤层俯伪斜下保护层开采的卸压范围［J］．中国矿业大学学报，2010，39（3）：380-385.

［48］ 张兴汉，贺怀建．关于巷道围岩应力的理论计算问题［J］．武汉钢铁学院学报，1981，4（2）：41-49.

［49］ 萨文．孔附近的应力集中［M］．北京：科学出版社，1965.

［50］ Carl Heising . Experiences with Explosions for Pressure Relief in Mines ［J］. Gluckauf: Die Fachzeitschrift fur Rohstoff, Bergbau und Energie, 1978, 114 (17): 754-757.

［51］ ШЕМЯКИН Е И. Эффект зональной дезентеграции горных пород вокруг подземных выработок ［J］. Доклады АН СССР, 1986, 289 (5): 1088-1094.

［52］ 蒋斌松, 张强, 贺永年, 等. 深部圆形巷道破裂围岩的弹塑性分析 ［J］. 岩石力学与工程学报, 2007, 26 (5): 982-986.

［53］ 孟进军, 陈俊国, 董正筑. 卸压孔围岩应力分布的复变函数解法 ［J］. 矿山压力与顶板管理, 2005 (2): 63-65.

［54］ 陈寿峰, 刘殿书, 王树仁. 爆破卸压法维护巷道静光弹实验研究 ［J］. 辽宁工程技术大学学报 (自然科学版), 2006, 25 (6): 873-875.

［55］ Wen Yanliang, Zhang Guojian, Zhang Zhiqiang . Numerical experiments of drilling pressure relief preventing roadway rock burst ［J］. Applied Mechanics and Materials, 2013, 353-354: 1583-1587.

［56］ 张兆民. 大直径钻孔卸压机理及其合理参数研究 ［D］. 青岛: 山东科技大学, 2011.

［57］ 吴健, 陆明心, 张勇, 等. 综放工作面围岩应力分布的实验研究 ［J］. 岩石力学与工程学报, 2002, 21 (增2): 2356-2359.

［58］ 熊祖强, 贺怀建. 深井矿山硬岩巷道岩爆治理方案研究 ［J］. 化工矿物与加工, 2006 (9): 25-27, 37.

［59］ Lin Baiquan, Wu Haijin, Zhang Lianjun, et al . Integrative outburst prevention technique of high-pressure jet of abrasive drilling slotting ［J］. Procedia Earth and Planetary Science, 2009, 1 (1): 27-34.

［60］ Cheng Yao, Ma Yulin, Zhang Yongli . Numerical simulation of preventing rock burst with hydraulic cutting ［J］. Advanced Materials Research, 2012, 524-527: 637-641.

［61］ 李俊平, 王石, 柳才旺, 等. 小秦岭井巷工程岩爆控制试验 ［J］. 科技导报, 2013, 31 (1): 48-51.

［62］ 胡威东, 杨家松, 陈寿根. 锦屏辅助洞 (西端) 岩爆分析及其防治措施 ［J］. 地下空间与工程学报, 2009, 5 (4): 834-840.

［63］ 鲁岩, 邹喜正, 刘长友, 等. 巷旁开掘卸压巷技术研究与应用 ［J］. 采矿与安全工程学报, 2006, 23 (3): 329-332, 336.

［64］ 解世俊. 卸压开采 ［J］. 矿山技术, 1992 (2): 19-21.

［65］ 毛仲玉, 张修峰. 深部开采冲击地压治理的研究 ［J］. 煤矿开采, 1996 (3): 39-43.

［66］ 王御宇, 李学锋, 李向东. 深部高应力区卸压开采研究 ［J］. 矿冶工程, 2005, 25 (4): 4-7.

［67］ 马长年, 徐国元, 倪彬, 等. 金川二矿区厚大矿体开采新技术研究 ［J］. 矿冶工程, 2010, 30 (6): 6-9.

［68］ 谢柚生. 深部金属矿山卸压开采研究 ［D］. 南宁: 广西大学, 2012.

［69］ 李俊平, 卢连宁, 于会军. 切槽放顶法在沿空留巷地压控制中的应用 ［J］. 科技导报, 2007, 25 (20): 43-47.

[70] 刘正和，杨录胜，宋选民，等. 巷旁深切缝对顶部岩层应力控制作用研究 [J]. 采矿与安全工程学报，2014，31（3）：347-353.

[71] 冯豫. 我国软岩巷道支护的研究 [J]. 矿山压力与顶板管理，1990（2）：42-44，67.

[72] 郑雨天. 论我国软岩巷道支护的基本框架和几个误区 [C] //何满潮. 中国煤矿软岩巷道支护理论与实践. 徐州：中国矿业大学出版社，1996.

[73] Kang Hongpu, Lin Jian, Wu Yongzheng. Development of high pretensioned and intensive supporting system and its application in coal mine roadways [J]. Procedia Earth and Planetary Science, 2009, 1（1）: 479-485.

[74] 贾宝山，解茂昭，章庆丰，等. 卸压支护技术在煤巷支护中的应用 [J]. 岩石力学与工程学报，2005，24（1）：116-120.

[75] 王襄禹，柏建彪，胡忠超. 基于变形压力分析的有控卸压机理研究 [J]. 中国矿业大学学报，2010，39（3）：313-317.

[76] 李术才，王琦，李为腾，等. 深部厚顶煤巷道让压型锚索箱梁支护系统现场试验对比研究 [J]. 岩石力学与工程学报，2012，31（4）：656-666.

[77] 于学馥，乔端. 轴变论和围岩稳定轴比三规律 [J]. 有色金属，1981，33（3）：8-15.

[78] 甘经国. 软岩巷道的导硐卸压 [J]. 矿山压力与顶板管理，1994（1）：41-43.

[79] James F Doyle, James W Phillips. Manual on Experimental Stress Analysis [M]. Society for Experimental Mechanics, 1989.

[80] 陆渝生，邹同彬，连志颖，等. 动光弹等差条纹的分析与判读 [J]. 解放军理工大学学报（自然科学版），2003，4（4）：49-53.

[81] 龚敏，于亚伦，佟景伟. 爆破等差与等和条纹图分析方法探讨 [J]. 爆炸与冲击，1997，17（3）：265-271.

[82] 励争，苏先基. 动态光弹性方法的定量研究 [J]. 兵丁学报，2000，21（增1）：26-28.

[83] 李彦涛，杨永琦，成旭. 切缝药包爆破模型及生产试验研究 [J]. 辽宁工程技术大学学报（自然科学版），2000，19（2）：116-118.

[84] 邓喀中，周鸣，谭志祥，等. 采动岩体破裂规律的试验研究 [J]. 中国矿业大学学报，1998，27（3）：261-264.

[85] 白义如，白世伟，靳钟铭，等. 特厚煤层分层放顶煤相似材料模拟试验研究 [J]. 岩石力学与工程学报，2001，20（3）：365-369.

[86] 张强勇，陈旭光，林波，等. 深部巷道围岩分区破裂三维地质力学模型试验研究 [J]. 岩石力学与工程学报，2009，28（9）：1757-1766.

[87] 吴向前，窦林名，陆菜平，等. 冲击危险区卸压减震开采机理的相似模拟 [J]. 采矿与安全工程学报，2012，29（4）：522-526.

[88] Sun Jin, Wang Lianguo. Numerical simulation of grooving method for floor heave control in soft rock roadway [J]. Mining Science and Technology, 2011, 21（1）: 49-56.

[89] Hakami H. Rock characterisation facility（RCF）shaft sinking-numerical computations using FLAC [J]. International Journal of Rock Mechanics and Mining Sciences, 2001, 38（1）: 59-65.

［90］Wang Tongxu, Cao Hengjiang, Zhang Zhenyu . Numerical simulation and field practice of pressure-relief borehole to prevent coal burst in deep-seated coal roadway ［C］//2nd International Conference on Mine Hazards Prevention and Control, Qingdao, China：NSFC 2010, 2010：69-75.

［91］齐庆新，雷毅，李宏艳，等．深孔断顶爆破防治冲击地压的理论与实践 ［J］．岩石力学与工程学报，2007，26（增1）：3522-3527.

［92］郭灵强，王凯，位爱竹．综采工作面水力超前卸压防突措施的数值分析 ［J］．能源技术与管理，2006（2）：1-3，11.

［93］Fan Jun, Dou Linming, He Hu, et al . Directional hydraulic fracturing to control hard-roof rockburst in coal mines ［J］. International Journal of Mining Science and Technology, 2012, 22（2）：177-181.

［94］刘林．开采保护层保护效果及范围的数值模拟研究 ［J］．矿业安全与环保，2005，32（6）：6-9.

［95］陈寿峰，刘殿书，高全臣．圆形断面巷道爆破卸压机理数值模拟研究 ［J］．辽宁工程技术大学学报（自然科学版），2001，20（4）：405-407.

［96］马元，靖洪文，陈玉桦．动压巷道围岩破坏机理及支护的数值模拟 ［J］．采矿与安全工程学报，2007，24（1）：109-113.

［97］石必明，刘泽功．保护层开采上覆煤层变形特性数值模拟 ［J］．煤炭学报，2008，33（1）：17-22.

［98］Zuo Yujun, Xu Tao, Zhang Yongbin, et al . Numerical study of zonal disintegration within a rock mass around a deep excavated tunnel ［J］. International Journal of Geomechanics, 2012, 12（4）：471-483.

［99］Cundall P A, Strack O D L. Particle flow code in 2D ［M］. Minnesota：Itasca Consulting Group, Inc. , 1999.

［100］白金泽．LS-DYNA 3D 理论基础与实例分析 ［M］．北京：科学出版社，2005.

［101］王文杰．高应力区巷道卸压支护技术及应用 ［J］．金属矿山，2010（3）：23-25，144.

［102］蔡成功．卸压槽防突措施模拟试验研究 ［J］．岩石力学与工程学报，2004，23（22）：3790-3793.

［103］段克信．用巷帮松裂爆破卸压维护软岩巷道 ［J］．煤炭学报，1995，20（3）：311-316.

［104］杨永良，崔道品，李雅阁．控制巷道变形的卸压爆破法 ［J］．矿山压力与顶板管理，2005（1）：33-35.

［105］蓝航，杜涛涛，彭永伟，等．浅埋深回采工作面冲击地压发生机理及防治 ［J］．煤炭学报，2012，37（10）：1618-1623.

［106］菅玉荣，刘武团，郭生茂．硐室爆破在空区处理中的应用 ［J］．化工矿物与加工，2004（2）：30-32.

［107］刘玲平．大型复杂采空区处理方法的研究和应用 ［J］．采矿技术，2008，8（1）：75-77.

［108］徐必根，王春来，唐绍辉，等．特大采空区处理及监测方案设计研究 ［J］．中国安全

科学学报，2007，17（12）：147-151.

[109] 刘福春. 某铅锌矿大型采空区处理 [J]. 采矿技术，2007，7（2）：21-23，93.

[110] 丁金刚，徐林荣. 某矿区Ⅳ号采空区治理 [J]. 爆破，2006，23（1）：105-108.

[111] 刘献华. 紫金山金矿采空区处理技术研究 [J]. 有色矿山，2002，31（1）：20-22，43.

[112] 郭辉成. 地采转露采采空区处理探讨 [J]. 中国矿山工程，2007（2）：4-5，24.

[113] 尤仁锋，徐荣军，王迪，等. 极复杂多层采空区处理的分析与思考 [J]. 露天采矿技术，2011，27（3）：7-8，13.

[114] Volkow Y V, Kamaev V D . Improvement on Mining Methods in Ural Metallic Mines [J]. Russian Journal of Metal Mine, 1997 (5-6)：124-130.

[115] Donnelly L J, De La Cruz H, Asmar I, et al . The monitoring and prediction of mining subsidence in the Amaga, Angelopolis, Venecia and Bolombolo Regions, Antioquia, Colombia [J]. Engineering Geology, 2001, 59 (1-2)：103-114.

[116] Tomás Villegas, Erling Nordlund, Christina Dahnér-Lindqvist . Hangingwall surface subsidence at the Kiirunavaara Mine, Sweden [J]. Engineering Geology, 2011, 121 (1-2)：18-27.

[117] Yang Yu, Gong Zhiqiang, Liang Bing . Dynamic subsidence basins in coal mines based on rock mass rheological theory [J]. Mining Science and Technology (China), 2011, 21 (3)：333-335.

[118] 古德生，邓建，李夕兵. 无间柱连续采矿的岩石力学优化 [J]. 中南大学学报（自然科学版）1999，30（5）：441-444.

[119] Ouellet S, Bussiere B, Aubertin M, et al . Microstructural evolution of cemented paste backfill：Mercury intrusion porosimetry test results [J]. Cement and Concrete Research, 2007, 37 (12)：1654-1665.

[120] Petrolito J, Anderson R M, Pigdon S P. A review of binder materials used in stabilized backfills [J]. Communication Interface Module Bulletin, 2005, 98 (1085)：1-7.

[121] Nasir O, Fall M. Coupling binder hydration, temperature and compressive strength development of underground cemented paste backfill at early ages [J]. Tunnelling and Underground Space Technology, 2010, 25 (1)：9-20.

[122] Guo Guangli, Zha Jianfeng, Miao Xiexing, et al . Similar material and numerical simulation of strata movement laws with long wall fully mechanized gangue backfilling [J]. Procedia Earth and Planetary Science, 2009, 1 (1)：1089-1094.

[123] Seryakov V M. Calculation of the stress state with regard for sequence of filling mass formation [J]. Journal of Mining Science, 2001, 44 (5)：466-471.

[124] 缪协兴，张吉雄，郭广礼. 综合机械化固体充填采煤方法与技术研究 [J]. 煤炭学报，2010，35（1）：1-6

[125] Abdul-Hussain N, Fall M. Unsaturated hydraulic properties of cemented tailings backfill that contains sodium silicate [J]. Engineering Geology, 2011, 123 (4)：288-301.

[126] Xu Ying, Chang Qingliang, Zhou Huaqiang . Movement and deformation laws of the overlying strata in paste filling stope [J]. Mining Science and Technology (China), 2011, 21 (6)：

863-868.

［127］ Tesarik D R, Seymour J B, Yanske T R . Long-term stability of a backfilled room-and-pillar test section at the Buick Mine, Missouri, USA ［J］. International Journal of Rock Mechanics and Mining Sciences, 2009, 46（7）: 1182-1196.

［128］ Ghoreishi-Madiseh S A, Hassani F, Mohammadian A, et al . Numerical modeling of thawing in frozen rocks of underground mines caused by backfilling ［J］. International Journal of Rock Mechanics and Mining Sciences, 2011, 48（7）: 1068-1076.

［129］ Fall M, Célestin J C, Pokharel M, et al . A contribution to understanding the effects of curing temperature on the mechanical properties of mine cemented tailings backfill ［J］. Engineering Geology, 2010, 114（3-4）: 397-413.

［130］ Chang Qingliang, Zhou Huaqiang, Hou Chaojiong . Using particle swarm optimization algorithm in an artificial neural network to forecast the strength of paste filling material ［J］. Journal of China University of Mining and Technology, 2008, 18（4）: 551-555.

［131］ Yilmaz Erol, Benzaazoua Mostafa, Belem Tikou, et al . Effect of curing under pressure on compressive strength development of cemented paste backfill ［J］. Minerals Engineering, 2009, 22（9-10）: 772-785.

［132］ Hustrulid W A . A Review of Coal Pillar Strength Formulas ［J］. Rock Mechanics, 1976（2）: 115-145.

［133］ 刘洪磊, 杨天鸿, 黄德玉, 等 . 桓仁铅锌矿复杂采空区处理方案 ［J］. 东北大学学报（自然科学版）, 2011, 32（6）: 871-874.

［134］ 张雯, 郭进平, 张卫斌, 等 . 大型残留矿柱回采时采空区处理方案研究 ［J］. 金属矿山, 2012（1）: 10-12, 54.

［135］ Lv Shuran, Lv Shujin . Research on Governance of Potential Safety Hazard in Da'an Mine Goaf ［J］. Procedia Engineering, 2011（26）: 351-356.

［136］ 李纯青, 姚香 . 采空区处理新技术的理论研究及应用实践 ［J］. 黄金, 2004, 25（3）: 22-25.

［137］ 钱新明, 李俊平, 薛烨, 等 . 倾斜采空场的空场处理机理分析 ［J］. 安全与环境学报, 2001, 1（6）: 12-14.

［138］ Feng Changgen, Li Junping, Qian Xinming, et al . Abandoned Stope Disposal by Roof Blasting Cutting ［C］.//The Seventh International Symposium on Rock Fragmentation by Blasting, Beijing, Chinese Metallurgy Industry Press, 2002: 338-340.

［139］ Chen H. A FEM Study of the Basic Strata Behaviors of Longwall Face of Hard Roof with Induced Caving by Water Pre-injection ［J］. Journal of China University of Mining & Technology, 1985.

［140］ 谢和平, 王家臣, 陈忠辉, 等 . 坚硬厚煤层综放开采爆破破碎顶煤技术研究 ［J］. 煤炭学报, 1998, 24（4）: 350-353.

［141］ 魏锦平, 阎志义 . 综放采场坚硬顶板控制实践 ［J］. 矿山压力与顶板管理, 2000（2）: 71-74.

[142] 闫少宏, 宁宇, 康立军, 等. 用水力压裂处理坚硬顶板的机理及实验研究 [J]. 煤炭学报, 2000, 25 (1): 32-35.

[143] 索永录. 综放开采大放高坚硬顶煤预先弱化方法研究 [J]. 煤炭学报, 2001, 26 (6): 616-620.

[144] 李俊平, 张振祥, 于文远, 等. 爆破技术在岩土安全中的应用 [J]. 中国钼业, 2001, 25 (3): 14-16.

[145] 李俊平, 赵永平, 王二军. 采空区处理的理论与实践 [M]. 北京: 冶金工业出版社, 2012.

[146] 李俊平, 肖旭峰, 连民杰, 马毅敏. "V 型" 切槽顶板闭合方法研究 [J]. 安全与环境学报, 2012, 12 (5): 219-222.

[147] 李俊平, 寇坤, 刘武团. 七角井铁矿矿柱回收与采空区处理方案 [J]. 东北大学学报 (自然科学版), 2013, 34 (S1): 137-143.

[148] 李俊平, 王晓光, 王红星, 程贤根. 某铅锌矿采空区处理与卸压开采方案研究 [J]. 安全与环境学报, 2015, 15 (1): 137-141.

[149] 李俊平, 陈慧明. 灵宝县豫灵镇万米平硐岩爆控制试验 [J]. 科技导报, 2010, 28 (18): 57-59.

[150] 李俊平, 王红星, 王晓光, 等. 卸压开采研究进展 [J]. 岩土力学, 2014, 35 (S2): 350-358, 363.

[151] 李俊平, 王红星, 王晓光, 等. 岩爆倾向岩石巷帮钻孔爆破卸压的静态模拟 [J]. 西安建筑科技大学学报 (自然科学版), 2015, 47 (1): 97-102.

[152] 李俊平, 张明, 柳才旺. 高应力下硬岩巷帮钻孔爆破卸压动态模拟 [J]. 安全与环境学报, 2017, 17 (3): 922-930.

[153] 李俊平, 叶浩然, 侯先芹. 高应力下硬岩巷道掘进端面钻孔爆破卸压动态模拟 [J]. 安全与环境学报, 2018, 18 (3): 962-967.

[154] 李俊平, 彭作为, 周创兵, 等. 木架山采空区处理方案研究 [J]. 岩石力学与工程学报, 2004, 23 (22): 3884-3980.

[155] 许强, 黄润秋, 王来贵. 外界扰动诱发地质灾害的机理分析 [J]. 岩石力学与工程学报, 2002, 21 (2): 280-284.

[156] Leiva C E, Durán L. Pre-Caving, Drilling and Blasting in the Esmeralda Sector of the El Teniente Mine [J]. Fragblast, 2003, 7 (2): 87-104.

[157] 周宗红, 任凤玉, 袁国强. 桃冲铁矿采空区处理方法研究 [J]. 中国矿业, 2005, 14 (2): 15-16.

[158] 周宗红, 任凤玉, 袁国强. 诱导冒落技术在空区处理中的应用 [J]. 金属矿山, 2005 (12): 73-74.

[159] Hu Jianhua, Lei Tao, Zhou Keping, et al. Mechanical response of roof rock mass unloading during continuous mining process in underground mine [J]. Transactions of Non-ferrous Metals Society of China, 2001, 21 (12): 2727-2733.

[160] 胡建华, 周科平, 古德生, 等. 基于 RFPA^{2D} 的顶板诱导崩落时变效应数值模拟 [J].

中国矿业，2007，16（10）：86-88.

[161] 江军生，张世超，周科平. 连续采矿顶板诱导崩落综合技术的研究与应用 [J]. 有色
金属（矿山部分），2007，59（5）：1-4, 22.

[162] 张世超，周科平，胡建华，等. 顶板诱导崩落技术及其在大厂铜坑 92 号矿体的应用
[J]. 中南大学学报（自然科学版），2008，39（3）：429-435.

[163] 高峰. 顶板诱导崩落机理及次生灾变链式效应控制研究 [D]. 长沙：中南大学，2009.

[164] 任凤玉，韩智勇，赵恩平，等. 诱导冒落技术及其在北洺河铁矿的应用 [J]. 矿业研
究与开发，2007，27（1）：17-19.

[165] 任凤玉，李楠，常帅，等. 眼前山铁矿主采区露天转地下诱导冒落法开采方案研究
[J]. 金属矿山，2010（2）：42-45.

[166] 曹建立，任凤玉. 诱导冒落法处理时采空区散体垫层的安全厚度 [J]. 金属矿山，
2013（3）：45-48.

[167] 何荣兴，任凤玉，谭宝会，等. 论诱导冒落与自然崩落 [J]. 金属矿山，2017（3）：
9-14.

[168] 秦国震. 中深孔爆破诱导冒落处理采空区技术研究 [D]. 唐山：华北理工大学，2017.

[169] 张家斌，金科. 某地下采空区深孔爆破崩落治理工程实践 [J]. 现代矿业，2018，34
（9）：199-202.

[170] 谢文清. 地下工程施工中岩爆的形成机理及控制措施 [J]. 现代隧道技术，2008，45
（4）：8-13.

2 水平至缓倾斜矿体开采的切槽放顶法与地压控制

2.1 科学问题与技术核心

2.1.1 问题的提出

2001年，在李俊平等首次提出并采用控制爆破局部切槽放顶技术前，亦即切槽放顶法前，处理特、大型采空区只有四种采空区处理的基本方法和四种传统联合法。这些方法处理特、大型采空区不仅不能引起应力按人为设定的方向转移，并且没有成熟的理论设计方法，只能按经验确定处理的工程量，因此，处理采空区不仅耗资巨大（千万甚至上亿元人民币），而且不能准确控制采空区深部的临近作业面或矿柱回收中的地压。

在切槽放顶法里，根据东桐峪金矿的实例，李俊平等首次提出了一个科学问题——借助爆破诱导崩落拉应力最大处的顶板，引起应力向有利于安全生产的方向重分布，也就是引起采矿作业面的支撑力和集中应力大幅度降低、切槽放顶部位及其上部采空区中残留支撑体的支撑力和集中应力大幅度增大，这降低了深部采矿的支护难度，有利于切槽放顶部位及其上部采空区的顶板冒落，从而消除采空区隐患；同时，还确定了切槽放顶位置、切槽放顶宽度及切槽放顶的钻孔深度等核心技术的理论设计方法。

2.1.2 技术核心推导

陕西东桐峪金矿地处小秦岭地区，应用平硐盲竖井（斜井）联合开拓，在1600多米的高山下应用留点、顶、底柱的全面法开采。自20世纪60年代开始，一直进行小规模开采。1986年正式建矿以后，大规模开采了10多年，2005年8号脉闭坑。8号脉矿体倾角约为38°~40°，走向近似东西，走向长约700m。井筒布置在矿体中部，将8号脉矿体分成东西走向各长约350m的两段。

矿体主要由含金硫化物石英脉组成，少数为矿化围岩。顶、底板围岩绝大多数是构造片岩，极少数为混合岩。矿体及其顶、底板围岩多为致密块状，坚硬稳固。岩体物理力学性质见表2.1。在940~1100m水平之间有近似平行分布的上下两层矿体，夹层厚度约为4~12m，一般为8m，如图2.1所示。

表 2.1 岩体物理力学参数

介 质	容重 γ /kN·m⁻³	弹模 E/GPa	泊松比 μ	抗拉强度 σ_c/MPa	凝聚力 C/MPa	内摩擦角 f/(°)	抗压强度 σ_b/MPa
含矿石英岩	29.9	23.375	0.18	3.73	26.70	33	105.53
构造片岩	26.5	14.166	0.25	3.53	16.90	30	87.0
放顶松散体	17.0	0.2	0.25	0.353	1.690	5	1.305
钢砼隔离体	24.5	14.5	0.2	2.75	20	35	50.0

注：按照室内岩石物理力学试验的平均值，对围岩、矿体弹模的折减系数分别取 1/3、1/4，容重、泊松比的折减系数取 1.0，抗拉强度、抗压强度、凝聚力和内摩擦角的折减系数取 2/3，得到岩体的物理力学参数；松散体力学参数按照围岩少 1~2 个数量级选取，其抗拉强度按岩体折减，抗压强度按岩石折减[1]；依据现场调查，钢筋混凝土隔离墙用直径 20mm 螺纹钢现浇而成，目前基本无破坏，因此按 C50 级取参数[2]。

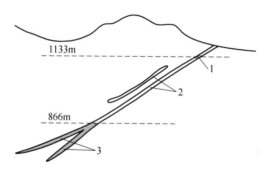

图 2.1 采空区分布剖面示意图

1—钢筋混凝土隔离墙；2—上层及下层采空区；3—待采矿体

8 号脉 866m 水平以上已开采完毕，开采下层矿及 866m 水平以下的深部矿体时，已在 866~1125m 中段之间形成了沿走向全长、采高小于 2m 的 43 万多平方米连续分布的采空区。按照《矿山安全生产规程》，每间隔 2~3 个中段必须处理采空区，但仅 1989 年在 1133m 标高处耗资 360 多万元，用宽 2m 的钢筋混凝土人工隔离墙，沿采空区走向全长支撑隔离了 1125m 中段以上约 7 万平方米的采空区，其余未做处理。1133~866m 水平间除 1065m、1025m、980m、916m、866m 等中段大巷的顶、底柱未回收，局部地段除留有点柱或人工矿柱外，整个采空区类似一个缓倾斜的地下"广场"，如图 2.1 所示。

钢筋混凝土人工隔离墙完整、稳固，除个别地方发现了宽 1~5mm 的裂缝外，未见其他破坏。未处理的连续采空区局部已发生了应力集中，导致 980m 副中段和 916m、866m、780m 中段未回收的顶、点和底柱大多开裂，裂纹从 1~10mm

不等。部分顶、底柱和点柱片帮、垮塌，并时常伴有清脆的矿柱压裂和弹射声音。局部巷道、采空区冒顶、片帮和坍塌时有发生。为此，每年支护需耗费巨资，即使如此，8号脉发生顶板冲击地压的隐患仍无法解除。为了消除该隐患、缓解开采地压显现，提出了切槽放顶法[3，4]。

2.1.2.1 切槽位置研究

A 首次切槽位置研究

李俊平等对东桐峪金矿8号脉最具代表性的典型剖面XⅦ进行简化，假设866m水平以上矿柱全部采空，A点为固定端，B点钢筋混凝土隔离墙为固定支座，矿体露头C为悬臂端，设定剖面宽度为1m，建立如图2.2所示的坐标系，则顶板载荷集度为：$q = r[H + (a + b - x)\sin\alpha]$。

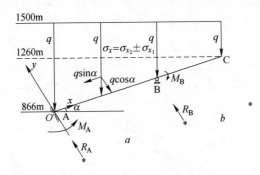

图 2.2 放顶前受力图

由材料力学理论有：

$$EI\frac{\partial^4 \nu}{\partial x^4} = q\cos\alpha = r[H + (a + b - x)\sin\alpha]\cos\alpha \qquad (2.1)$$

因为固定端A点挠度、转角为零，即 $\nu|_{x=0} = 0$，$\dfrac{\partial \nu}{\partial x}\bigg|_{x=0} = 0$；且悬臂端C点剪力、弯矩为零，即 $\dfrac{\partial^3 \nu}{\partial x^3}\bigg|_{x=a+b} = 0$，$\dfrac{\partial^2 \nu}{\partial x^2}\bigg|_{x=a+b} = 0$；固定支座B点的挠度为零，即 $q\cos\alpha$ 在B点引起的向下的挠度等于支反力 R_B 在该处引起的向上的挠度。可求得：

$$\sigma_{x_1} = \frac{rH\cos\alpha}{h^2}\left(\frac{3}{4}a^2 - \frac{3}{2}b^2 - \frac{9b^2}{2a}x - \frac{9a}{4}x + 3x^2\right) + \frac{r\sin\alpha\cos\alpha}{h^2}\left(\frac{2}{5}a^3 + \right.$$

$$\left. \frac{3}{4}a^2b - \frac{b^3}{2} - \frac{x^3}{2} + 6ax^2 + 3bx^2 - \frac{3b^3}{2a}x - \frac{9}{4}abx - \frac{18}{5}a^2x\right) \qquad (2.2)$$

设 $x_D \approx 0.5(a + b)$ 为下滑力平衡点。由集度载荷 $q\sin\alpha$ 引起的正应力为：

$$\sigma_{x_2} = Q(x)/S(x) \tag{2.3}$$

式中，任意点梁截面积 $S(x) = 1 \times h = h$，任意点沿层面方向的作用力 $Q(x)$ 为：

$$Q(x) = \int_0^x r\big[H + (a+b-x)\sin\alpha\big]\sin\alpha dx - \int_{0.5(a+b)}^{a+b} r\big[H + (a+b-x)\sin\alpha\big]\sin\alpha dx$$

由式（2.3）可求得：

$$\sigma_{x_2} = \frac{rH\sin\alpha}{h}\left[x - \frac{1}{2}(a+b)\right] + \frac{r\sin^2\alpha}{2h}\left[2(a+b)x + x^2 - \frac{1}{4}(a+b)^2\right] \tag{2.4}$$

切顶前岩梁上、下表面任意点的应力为：

$$\sigma_x = \sigma_{x_2} \pm \sigma_{x_1} \tag{2.5}$$

式中，计算岩梁中性轴上部表面应力时取"＋"，下部表面应力取"－"；h 为顶板岩梁厚度，m；r 为岩体容重，10^4 N/m^3；α 为采空区倾角，（°）；x 为从分析截面至 866m 标高处顶板斜长，m；a 为 866m 至 1133m 顶板斜长，m；b 为 1133m 至露头顶板斜长，m；H 为地表至露头垂直高差，m；v 为挠度，m；E 为岩体弹模，GPa；I 为岩梁转动惯量，m^4。

根据条件极值定理，由于 $h \ll a$、b 或 H，忽略高阶无穷小，求岩梁中性轴下部表面在 $[0, a]$ 区间最大拉应力位置为：

$$x_0 = 4a + 2b + \frac{2H}{\sin\alpha} -$$

$$\frac{1}{2}\sqrt{\frac{272}{5}a^2 + 16b^2 + \frac{16H^2}{\sin^2\alpha} - \frac{12Hb^2}{a\sin\alpha} - \frac{4b^3}{a} + 58ab + \frac{58aH}{\sin\alpha} + \frac{32bH}{\sin\alpha}} \tag{2.6}$$

在典型剖面 XVII，倾角 $\alpha \approx 40°$，代入公式（2.6），求出 $x_0 \approx 164.2$m，则该处标高约为 971.5m。一般地，顶板岩梁中性轴下部表面拉应力最大的点应是切槽放顶的最佳位置。因此，首次在 966m 水平附近实施切槽放顶。

B 二次切槽位置研究

继续向深部开采，延伸至 E 点后建立如图 2.3 所示坐标系，用 d 替换 x_0。设 D 点为一弹簧支座，即 $v|_{x=0} \neq 0$，$\left.\dfrac{\partial^2 v}{\partial x^2}\right|_{x=0} = 0$；$R_D$ 代表 D 点的支反力。依据切槽放顶实践，单位长度放顶堆石坝的最大支反力 $R_{Dmax} = \sigma_b \times W \times 1 = 13.05$MN，其中 σ_b 代表放顶松散体的抗压强度，按表 2.1 取值；W 表示切顶堆石坝宽度，东桐峪金矿取 10m。切顶后由 $q\sin\alpha$ 引起的拉、压分界点为 D 点。

类似首次切顶位置，可推导出继续向深部开采时，岩梁中性轴下部表面在 $[0, d]$ 区间的最大拉应力位置为：

$$x_1 = b + c + d + \frac{H}{\sin\alpha} - \left\{ \frac{H^2}{\sin^2\alpha} + (b + c + d)\left[\frac{2H}{\sin\alpha} + \frac{(b + c + 2d)(b + c)}{3c} \right] - \right.$$

$$\left. \frac{2d^2(b + c)}{3c} - \frac{H(c^2 - 2bd - b^2)}{c\sin\alpha} + \frac{2R_D}{r\sin\alpha\cos\alpha} \right\}^{\frac{1}{2}} \tag{2.7}$$

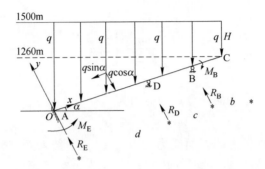

图 2.3 放顶后继续向深部开采的受力图

按典型剖面 XVII，取 $\alpha = 40°$、$H = 240m$，B、C 点标高分别取 1133m、1260m；计算出首次切顶位置 D 点的标高为 971.5m；若从 866m 水平继续向下开采延伸至 780m 水平，则 $d \approx 297.9m$。取 $r = 26.5kN/m^3$，按式（2.7）可求得二次切槽位置 $x_1 \approx 26.0m$，其对应标高约为 796.7m。

C　切槽位置的数值模拟检验

分别应用 NFAS 非线性二维有限元分析软件、三维 ANSYS，选取东桐峪金矿典型剖面 XVII，应用 D-P 塑性准则和拉裂破坏条件，采用位移边界条件，开挖范围选定 750~1260m 水平。计算剖面垂直范围为 300~1500m 高程，水平范围为 200~1475m，三维计算沿矿体走向取 110m。分别计算不切顶的采空区应力分布，结果如图 2.4 所示。

计算表明（图 2.4），采空场顶板分别在 866m 和 966m 水平附近均出现了明显拉应力。说明这两处是实施切槽放顶的合理位置。

比较理论推导与有限元计算模拟结果可见，对含有多层不规则或不连续矿体开采形成的采空场区，如 866m 水平以下上层采空区突然尖灭，理论求解的切槽位置有一定误差；对规则和连续的采空区，如 866~1133m 水平间绝大部分都有两层基本规则且连续分布的采空区，理论求解的切槽位置与计算模拟基本吻合。理论求解的误差可能是由于采空区不规则、不连续或较复杂时，简化模型与实际相差太远的缘故。

沿走向切槽放顶，为了避免拉应力最大的位置计算不准确，可以沿采空区倾向间隔约 50m 布置 3~4 条观测线，在各观测线内间隔 20~30m 布置应力观测点

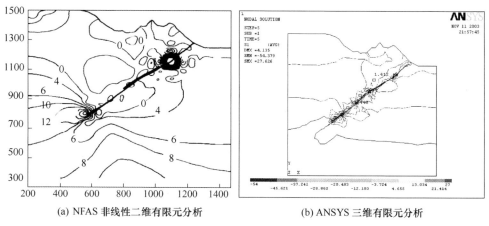

<table>
<tr><td>(a) NFAS 非线性二维有限元分析</td><td>(b) ANSYS 三维有限元分析</td></tr>
</table>

图 2.4 采空区拉应力分布

或顶底板闭合的位移观测点，找出采空区顶板出现最大拉应力的位置。沿倾斜方向切槽放顶，也可以沿采空区走向类似布置 3~4 条观测线，寻找顶板出现最大拉应力的位置。

2.1.2.2 切槽深度研究

爆破切槽放顶引起顶板的最终冒落深度，不仅取决于爆破强制崩顶深度，还取决于爆破裂纹的损伤、扩展深度。经验表明，垂直凿岩，只要掏槽合理，强制崩顶深度可达到崩落凿岩的钻孔深度，一般为钻孔深度的 0.8~0.95。脆性材料，在裂纹扩展的深度范围内受损伤弱化后，刚度劣化，强度明显下降，在自身重力或采矿爆破振动等作用下还会逐步自然冒落。受拉应力较大的顶板损伤岩体，由于岩体的不抗拉特性，拉应力将会加速该损伤岩体的自然冒落。

为了更好地改善顶板的力学特性，消除顶板冲击地压，最好是引起顶板在切槽放顶带最先冒落接顶。根据爆破裂纹扩展模型研究爆破裂纹的扩展深度，合理设计凿岩深度，既可确保冒落接顶，还可减少爆破量，从而降低工程施工费用。

近几十年来，随着数值模拟技术的发展和成熟，爆破裂纹扩展模型研究取得了较大进展，先后发展了 Grady & Kipp 模型、TCK 模型、Ahrens 等的模型和杨小林等多种模型[5]。其中，杨小林模型继承了原有 TCK 和 Ahrens 等模型的优点，完善了爆生气体准静态作用引起的微裂纹二次扩展，并且考虑了原岩应力和岩体性质对裂纹扩展的影响，几乎可应用于实际爆破工程设计。但是，杨小林模型中孔壁爆生气体压力的计算较复杂，且无法计算球形药包以外的裂纹扩展范围，如长条形药包爆破后的裂纹扩展。作者在杨小林模型的基础上，推导了爆破切槽的深度。

选择顶板所受拉应力最大（$\sigma = \sigma_{max}$）的地点切槽放顶时，原岩应力不仅不会部分抵消爆生气体压力 p_0，相反，将会加速岩体的损伤破坏。因此，根据杨小林模型，微裂纹发生二次扩展的区域为：

$$r_2 = 3r_0\sqrt{(p_0 + \sigma_{max})/(S_t - \sigma_{max})} + r_0 \tag{2.8}$$

式中，r_2 为爆破裂纹扩展半径，m；r_0 为等效球形药包半径，m；σ_{max} 为切槽放顶地段顶板所受的拉应力，Pa；S_t 为岩石抗拉强度，10^6Pa；p_0 为孔壁爆生气体压力，Pa。

由式（2.2）、式（2.4）或式（2.5）可计算出 σ_{max}。由式（2.2）、式（2.4）可以看出，随着裂纹的扩展，裂纹尖端的原岩应力逐渐减小，σ_{max} 中 σ_{x1}、σ_{x2} 分别与裂纹扩展半径平方、裂纹扩展半径近似成反比，因此，忽略 σ_{max} 得到爆破裂纹扩展的最小半径 r_{2min} 为：

$$r_{2min} = 3r_0\sqrt{\frac{p_0}{S_t}} + r_0 \tag{2.9}$$

根据贺红亮的研究，裂纹扩展速度大于 0.2 倍的弹性纵波速度[6]，因此裂纹扩展是在瞬间完成的。假设在裂纹扩展的瞬间，爆生气体压力来不及稀释减小，爆生气体压力为定值 p_0。则根据孙业斌的研究[7]，有两种计算 p_0 的方法：

（1）经验法　　$p_0 = 49033 \times (0.0126z - 1.7 \times 10^4)$　　　　（2.10）

（2）炸药参数法　　$p_0 = \rho D^2/16$　　　　（2.11）

式中，z 为岩石声阻抗，查表2.2取值，片麻岩声阻抗取（16~20）$\times 10^6$ kg/（m² · s）；p_0 为爆生气体压力，Pa；ρ 为装药密度，kg/m³；D 为炸药爆速，m/s。

表 2.2　岩石声阻抗取值

岩 石 名 称	普氏硬度系数 f	声阻抗 z /10^6kg · (m² · s)⁻¹
片麻岩、有风化痕迹的安山岩及玄武岩、粗面岩、中粒花岗岩、辉绿岩、玢岩、中粒正长岩、闪长岩、花岗片麻岩、坚实玢岩	14~20	16~20
菱铁矿、菱镁矿、白云岩、坚实的石灰岩、大理岩、粗粒花岗岩、蛇纹岩、粗粒正长岩、坚硬的砂质页岩	9~14	14~16
坚硬的泥质页岩、坚实的泥灰岩、角砾状花岗岩、泥灰质石灰岩、菱铁矿、砂岩、硬石膏、云母页岩及砂质页岩、滑石质的蛇纹岩	5~9	10~14
中等坚实的页岩、中等坚实的泥灰岩、无烟煤、软的有空隙的节理多的石灰岩及贝壳石灰岩、密实的白垩岩、节理多的黏土质砂岩	3~5	8~10

岩 石 名 称	普氏硬度系数 f	声阻抗 z /10^6 kg·(m²·s)⁻¹
未风化的冶金矿渣、板状黏土、干燥黄土、冰积黏土、软泥灰岩及蛋白土、褐煤、软煤、硅藻土及软的白垩岩、不坚实的页岩	1~3	4~8
黏砂土、含有碎石、卵石和建筑材料碎屑的黏砂土、重型砂黏土、大圆砾 15~40 mm 大小的卵石和碎石、黄土质砂黏土	0.5~1	2~4

Starfield 和 Pugliese[8] 及卢文波等[9] 得出柱状（条形）装药的等效球形药包半径为：

$$r_0 = \frac{\sqrt{6}}{2} r_e \qquad (2.12)$$

式中，r_0 和 r_e 分别为等效球形药包半径和柱状（条形）装药半径，m。

假设切槽放顶的冒落松散岩体全部堆放在放顶带内，为了使冒落岩体充满采空区并接顶，切槽放顶的炮孔深度 L 必须满足：

$$(r_{2min} + L)(k - 1) = N \qquad (2.13)$$

式中，k 为岩体松散系数；N 为采空区顶、底板垂直高度，m。对东桐峪金矿，参数 k 和 N 分别取 1.2~1.4 和 ≤2.0m。

根据式（2.9）~式（2.13）可推导出切槽放顶凿岩的炮孔设计深度为：

$$L = \frac{N}{k-1} - \frac{\sqrt{6}}{2}\left[1 + 3\sqrt{\frac{49033(0.0126z - 1.7 \times 10^4)}{S_t}}\right] r_e \qquad (2.14)$$

取 $k = 1.4$，$N = 2.0$m，$z = 16 \times 10^6$ kg/(m²·s)，炮孔半径 r_e 取 0.02m，按表 2.1 取岩石的单轴抗拉强度 $S_t = 5.30 \times 10^6$Pa，计算出东桐峪金矿确保冒落接顶的切槽放顶的炮孔深度为 $L \approx 1.94$m。因为式（2.9）忽略了岩体所受拉应力的影响，因此，取 $k = 1.4$ 时，浅孔凿岩深度取 1.94m 能够确保冒落的松散体接顶。

式（2.11）表明，加强堵塞，提高装药密度，可进一步提高爆生气体压力，充分利用爆炸能，从而加大爆落和裂纹扩展深度，确保特定装药能爆落的岩体深度及裂纹扩展的最终深度达到最大，从而确保岩体冒落接顶。

2.1.2.3 切槽宽度研究

切槽放顶形成的松石堆积坝必须能抵抗大冒落所激发的冲击气流（飓风）。冲击力的大小取决于气流速度。

A 气流速度估算

目前主要采用"打气筒"或"绕流"两种模型,分别从能量守恒和无限空间内物体下落冲击角度建立气流风速模型,两种计算模型随着采空区面积和冒落高度的变化差异增大[10]。因为采空区顶板实际上是非整体下落的,利用"打气筒"模型计算的飓风风速过大,甚至高达数 km/s,夸大了采空区飓风的危害程度;"绕流"模型计算的风速虽然主要取决于冒落体的几何尺寸和采空区高度,但忽略了采空区顶板冒落是发生在有限、半密闭空间中,绝大多数采空区冒落不是瞬间冒落到地表的,利用无限空间小块体下落计算不可避免造成较大误差,其结果往往造成飓风最大风速与采空区面积无关这样的错误结果。总之,顶板冒落、空气压缩形成飓风的过程,实质上是顶板动力冲击前期采空区空气的压缩(打气筒)过程和因顶板垮落离层在上部形成真空而出现的采空区风流上行反转的减压(绕流)过程的复合叠加[11]。

根据上述认识,陈庆凯等[12]构建了飓风速度 v 的估算公式:

$$v = v_1 + \theta v_2 = \frac{\eta ab\sqrt{2gH}}{h[1.5(a+b) - \sqrt{ab}]} + \theta\sqrt{\frac{CgAH^2}{(S_0 - S_1)L}} \quad (2.15)$$

式中,v 为飓风速度,m/s;假定冒落的临界范围为椭圆形,则 a、b 分别为长轴、短轴,m;H 为采空区高度,m;η 为折减系数,若松散堆中 60%的空隙被冒落体挤压的空气充填,则取 0.7;g 为重力加速度,m/s²;h 为冒落岩块的最宽部位离地面的高度,m;θ 为诱导气流从铅直运动转为水平运动的流转系数,一般按 0.8 估计;C 为阻尼系数,可取 0.45;S_1 为冒落岩块的水平投影面积,m²;L 为空气流动系统换算成通道断面积为 S_0 的等效长度,一般 $L = H$,m;S_0 为临界冒落面积,$S_0 = \pi ab$,m²。

陈庆凯在近 10 年的应用中,尽管忽略了 θv_2 部分,但发现 h、η 取值几乎不确定,而且这两个参数,尤其是 h 对估值的影响很大。如果 θv_2 部分保留,S_1 值也很难确定,安全评价中究竟取 $S_1 = S_0$ 合适,还是取 S_1 为 S_0 的百分之多少合适,还是个比较麻烦的问题;另外,阻尼系数 C 取值的随意性也较大。可见,应用式(2.15)估算飓风速度很不方便。

郑怀昌等[10]在式(2.15)的基础上,根据理论推导和模拟试验,得到如下飓风估计公式:

$$v = S^{\frac{1}{3}}\left(\frac{3Cg^2H^2}{kH + 3\sum\zeta\sqrt{2gH}}\right)^{\frac{1}{3}} + 7.6542H^{0.3007}S^{0.0397} \quad (2.16)$$

式中,k 为岩块冒落的加速度,m/s²,约等于重力加速度 g;$\sum\zeta$ 为系统的局部阻力系数之和;S 为冒落总面积与出风口面积之比;其他符号与公式(2.15)相同。

可见，式（2.16）较式（2.15）有较大的进步，除了 C、$\sum\zeta$ 的取值有随意性外，其他参数基本确定，而且考虑了冒落面积与出风口面积的比值对飓风速度的影响。

为了消除估算过程中取值的随意性，顾铁凤[13]根据能量守恒和恒温下的气体状态方程推导出如下飓风速度估计公式：

$$v = \frac{L_1 L_2}{nA}\sqrt{2gH - \frac{2(V_0 + HL_1 L_2)P_1\ln\left(1 + \frac{HL_1 L_2}{V_0}\right)}{\rho L_1 L_2 h_1}} \qquad (2.17)$$

式中，L_1、L_2、h_1 分别为冒落体的长、宽、高，m；ρ 为冒落体的密度，kg/m³；A 为出风口断面积，m²；n 为出风口个数；V_0 为飓风灾害发生终了时的空间体积，其包括巷道和采空区的残余体积，m³；P_1 为飓风未发生时的采空区气压，Pa，可用气压表测定；其他符号意义同式（2.15）、式（2.16）。

尽管式（2.17）是根据"打气筒"模型推导的，未像式（2.15）、式（2.16）那样考虑"绕流"的影响，估算的飓风速度可能偏大；但是，除 V_0 外，各参数的意义比较明确、容易取值，而且还像式（2.16）那样考虑了冒落总面积与出风口面积之比 $S = L_1 L_2/(nA)$ 对飓风速度的影响，另外考虑了冒落体尺寸的影响。因此，在采空区安全评价中容易估算飓风速度。

严国超和息金波等[14]根据能量守恒和恒温下的气体状态方程，不考虑飓风灾害终了时的空间体积 V_0，进一步简化了式（2.17），并对"打气筒"模型进行 η 折减，得到：

$$v = \frac{\eta L_1 L_2}{nA}\sqrt{2gH - \frac{2P_1 H\ln H}{\rho h_1}} \qquad (2.18)$$

式中，η 为折减系数，取值介于 0.6~0.9 之间，一般冒落块度大或安全系数取大值时 η 取上限，反之取下限；其他符号意义同式（2.17）。

式（2.18）还原了"打气筒"模型估算飓风速度时可能偏大的估值。

B 切槽宽度设计

在爆源周围修一定高度和厚度的挡波墙，能够大大降低冲击波（飓风）在挡波墙外一定距离的峰值压力，对冲击波能起到较好的削弱作用[15]。假设一倾斜采空区，倾角为 $\alpha(°)$，切槽宽度为 $W(m)$，切槽深度为 $L(m)$，采空区断面高度为 $N(m)$，如图 2.5 所示。根据实际，愈接近底板，石渣堆的抗推动能力愈大，推动石渣的突破口应在接近采空区的顶板处。因此，顶板表面以上切槽口中的石渣堆重力是产生松石坝阻力 F 的压力，即：

$$F = fWLl\rho g\cos\alpha \qquad (2.19)$$

式中，F 为松石坝阻力，N；l 为松石坝长度，m；ρ 为松散岩块密度，kg/m³；g

为重力加速度，m/s^2；f 为松散岩块间的摩擦系数，为了安全可靠取最小值 0.25。

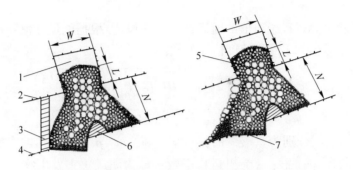

图 2.5　切槽放顶堆坝封隔剖面示意图

1—切槽口；2—采空区顶板；3—残留底柱；4—采空区底板；

5—松石堆积坝；6—残留顶柱；7—平巷底板

文献［10，12~14］在估算飓风速度的同时，根据能量守恒定律或飓风冲击平面防灾结构的冲力计算公式[16]，都研究了飓风在出风口断面的荷载集度。尽管这些公式有的以采空区初始气压为参照，有的直接引入飓风速度的平方，但这些公式都类似萨文科等[17,18]论述的气流引起的正面压力 P：

$$P = CA\rho_0 v^2/2 \tag{2.20}$$

式中，P 为飓风（冲击气流）引起的正面冲击力，N；C 为阻力系数，由试验确定，一般为 1.1~1.27；A 为阻波的爆破堆石隔离墙断面积，其等于 Nl，m^2；ρ_0 为井下空气密度，经井下取样测定，kg/m^3；v 为飓风速度，m/s；其他符号意义同式（2.19）。

从式（2.20）可看出，冲击力的大小取决于飓风的速度。该式简便，参数意义明确且容易确定。

根据式（2.19）~式（2.20），可得到切槽宽度 W 为：

$$W \geqslant \frac{CN\rho_0 v^2}{2fL\rho g\cos\alpha} \tag{2.21}$$

式中，W 为阻隔飓风的切槽或松石堆积坝宽度，m；其他符号意义同式（2.19）~式（2.20）。

从已回收完顶、底柱的巷道水平对应的顶板开始，沿倾向向上实施一定宽度的切槽放顶，例如 966m 水平。因为回收完矿柱后，巷道底板水平宽度较大，且局部留下的人工矿柱及含极薄矿脉的矿柱崩落时可残留小半段不崩倒，如图 2.5 所示，从而大大降低了控制爆破筑坝的施工难度，增强了坝体的阻波、抗滑能力。对于无平台可利用的倾斜底板，也可很容易地应用爆破技术制造平台和类似残留矿柱的抗滑键。

按东桐峪金矿的实际开采情况及井筒布置，连续采空区的走向最大长度为350m，倾斜斜长最大长度为434m，悬空高度不到2m。按式（2.18）估算，顶板可以冒落的最大铅锤高度 h_1 不超过3.1m，在采空区内穿透隔离墙的最大风速约为946.5m/s。东桐峪金矿8号脉实际1065m、1025m、980m、916m、866m等中段大巷的宽3~5m的顶、底柱都未回收，局部地段还留有3m×3m的点柱或5m×10m的人工砌筑的废石矿柱，因此，矿区井下实际可能同时冒落的最大范围绝对不会超过350m×110m，采空区中飓风速度也绝对不会超过240m/s。如果在采空区某一标高沿走向全长爆破堆筑隔离坝，则坝的挡风面积为700m²、挡风断面高 N 为2m，按式（2.14）计算出 L 约为1.94m，按式（2.15） C 取1.2、 N 取2m、 ρ_0 取0.9kg/m³、v 按240m/s、f 取最小值0.25、ρ 按表2.1取 1.735×10^3 kg/m³、g 取9.8m/s²、α 取40°，计算出切槽放顶宽度约为9.72m。因此，切槽放顶的宽度取10m。

阻波除了堆筑一定宽度松石坝外，还可铺垫一定厚度松石垫层。为了充分利用采空区堆放废石，并确保绝对削弱可能自然冒落激起的空气冲击波，决定将开采废石有计划地简易排入处理过的采空区。在东桐峪金矿8号脉，按照萨文科[17]的削波理论，底板堆放0.5m厚废石，就能消除一定规模的可能冒落所激发的空气冲击波危害；在矿体倾角约70°的极薄矿脉（12号脉），有效削波垫层厚度最大不超过14.4m，一般不超过7.31m。

2.1.3 科学问题分析

下面将以东桐峪金矿为例，分析借助爆破诱导崩落拉应力最大处的顶板，如何引导顶板应力向有利于安全生产的方向重分布的科学问题。

2.1.3.1 顶板应力的理论分析

放顶前，按图2.2，在厚度为 h 的岩梁中心轴的上表面，式（2.5）中取"+"；在其下表面，则取"-"。联立式（2.1）、式（2.2）、式（2.4）及对应的边界条件和平衡方程，可求解放顶前A、B点的支反力 R_A、R_B 和弯矩 M_A、M_B，结果见表2.3。

放顶后，按图2.3或图2.6，假设爆破松石堆筑坝 D 是一个弹簧支座，即允许放顶处有变形，但弯矩为0，因为不等压裂、压开堆石坝中的石头，该堆石坝就要向两侧松弛、下沉，相当于一个弹簧。因此，可类似放顶前如下计算放顶后的支反力和弯矩：

$$\sigma_x' = \begin{cases} \sigma_{x_2}' + \sigma_{x_1}' & \text{（岩梁中心轴的上表面应力）} \\ \sigma_{x_2}' - \sigma_{x_1}' & \text{（岩梁中心轴的下表面应力）} \end{cases}$$

$$\sigma'_{x_1} = 6M'_x/h^2$$

$$M'_x = \begin{cases} R'_A(x_0 - x) + \int_0^x (x - y)r[H + (a + b - y)\sin\alpha]\cos\alpha dy - \\ \qquad \int_0^{x_0}(x_0 - x)r[H + (a + b - x)\sin\alpha]\cos\alpha dx \qquad\qquad 0 \leqslant x \leqslant x_0 \\ \int_x^{a+b-x}(y - x)r[H + (a + b - y)\sin\alpha]\cos\alpha dy - R'_B(a - x) \quad x_0 \leqslant x \leqslant a \end{cases}$$

$$\sigma'_{x_2} = \frac{rH\sin\alpha}{h}[x - (a + b - x_0)] + \frac{r\sin^2\alpha}{2h}[2(a + b)x - x^2 - (a + b - x_0)^2]$$

$$R'_B = \frac{a + b - x_0}{a - x_0}\left\{\frac{1}{2}rH(a + b + x_0)\cos\alpha + \frac{r\cos\alpha\sin\alpha}{6}[(a + b)^2 + (a + b)x_0 - 2x_0^2]\right\}$$

$$R'_A = R_A + R_B - R'_B - R_D$$

其中，放顶后带有上标（′）的参数，相应于式（2.1）～式（2.5）中的对应符号表示切顶后的对应量；不带上标（′）的支反力等与式（2.1）～式（2.5）相同。联立这些方程，类似放顶前代入参数，也可求解放顶后 A、B 点的支反力 R'_A、R'_B 和弯矩 M'_A、M'_B，结果见表 2.3。

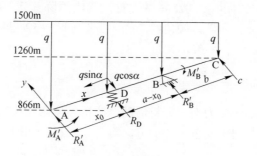

图 2.6 放顶后顶板受力示意图

表 2.3 放顶前后应力状态比较

放顶状态	参 数							
	R_A /GN	R_B /GN	M_A /GN·m	M_B /GN·m	$\sigma_{A上}$	$\sigma_{A下}$	$\sigma_{B上}$	$\sigma_{B下}$
放顶前	2.43	3.00	167.10	-121.94	受拉	受压	受压	受拉
放顶后	0.40	5.02	-94.62	192.12	受压	受拉	受拉	受压

注：值为"-"，表示与图中假定方向相反。计算时 α 取 40°。

从表 2.3 可见，切槽放顶前，深部采矿作业面 A 附近，顶板岩梁的下表面受压、上表面受拉，顶板处于三向压应力状态，承受了很大的支反力而未冒顶，这种状态不利于采矿作业面的顶板支护，也可能引起采矿过程中发生岩爆；放顶后 D 处堆石坝近似为弹簧支座（图 2.6），这时 A 附近尽管顶板岩梁的下表面受拉、上表面受压，顶板处于二向压应力状态，但是支反力大幅度减小，不到原来的 1/6，这有利于作业面 A 附近安全采矿；相反，钢筋混凝土隔离墙 B 附近，顶板由放顶前的二向压应力状态变为放顶后的三向压应力状态，因而钢筋混凝土隔离墙和 D 处弹簧支座分担了作业面 A 附近的支反力向，使得放顶后钢筋混凝土隔离墙支反力增加了 67.3%，这有利于钢筋混凝土隔离墙和放顶堆石坝附近的顶板慢慢垮塌，有利于采空区闭合而消除顶板冲击地压隐患；从弯矩的变化也可见，放顶后作业面 A 附近的应力明显减小，钢筋混凝土隔离墙 B 附近的应力明显增大。总之，切槽放顶使应力向有利于安全生产的方向重分布。

式（2.2）、式（2.4）及切顶后的对应公式都表明，顶板岩梁的高度 h 越大，顶板表面附近所受的拉应力越小，崩落顶板的难度越大。因此，顶板岩层中层理越发育，切槽放顶后越易冒落接顶。

2.1.3.2 顶板应力的数值模拟分析

A 顶板应力状态的二维非线性有限元分析

应用 NFAS 非线性二维有限元分析软件，选取东桐峪金矿的典型剖面 ⅩⅦ，选择 D-P 准则和莫尔-库伦准则，应用平面应变受力模型，采用位移边界条件，分析了 8 号脉采空区处理前、处理后的顶板应力分布。取顶板拉应力最大的位置分别实施宽 10m、20m 的控制爆破局部切槽放顶，检验松石堆积坝的支撑和应力转移效果。按式（2.14），切槽放顶弱化顶板岩体的深度取 5m。部分结果如图 2.7 所示。

计算表明（图 2.7）：未处理的采空区在 966m 和 866m 水平附近顶板受拉，因此在此部位附近实施切槽放顶是合理的；实施宽 10m 的切槽放顶，深部待采矿体 750m 水平处的水平应力、垂直应力分别从 16MPa、46MPa 降低到 15MPa、40MPa；有双层采空区的地方，应对应同时实施切槽放顶，否则，调整应力重分布的效果不佳；钢筋混凝土隔离墙处应力最大增加了 35%。可见，2.1.3.1 小节的顶板应力分布理论计算结论，与数值模拟结果基本一致。

表 2.4 表明，切槽放顶宽度增加到 20m，引起深部水平应力集中程度降低的效果不明显，说明从应力转移的角度看，并非松石堆积坝越宽越理想，况且松石堆积坝加宽时，施工经费将成倍上升。

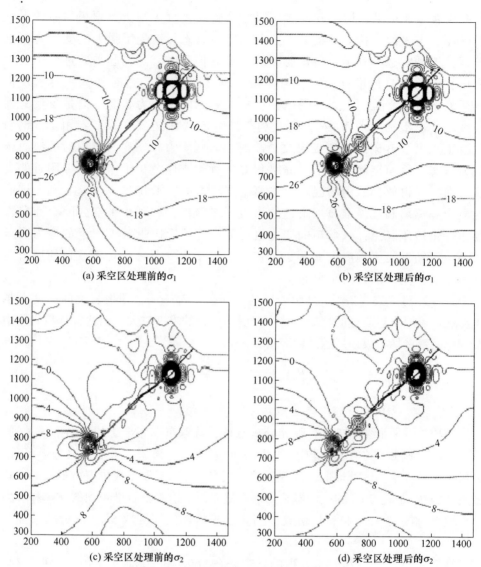

图 2.7 采空区处理前后的顶板应力分布

（纵坐标表示高程，m；横坐标表示剖面的水平距离，m）

表 2.4 各方案在深部引起应力集中程度比较

单元号	放 10m/MPa		放 20m/MPa		不放顶/MPa	
	σ_1	σ_2	σ_1	σ_2	σ_1	σ_2
1223	91.0	26.7	89.4	26.4	101.1	30
1222	75.7	21.7	74.5	21.5	83.5	24
1537	142.0	14.6	139.8	14.6	158.1	17.8

单元号	放 10m/MPa		放 20m/MPa		不放顶/MPa	
	σ_1	σ_2	σ_1	σ_2	σ_1	σ_2
1419	90.9	20.7	89.7	20.6	100.5	23.7
1551	133.4	30.6	132.1	30.7	147.8	35.7
1434	65.07	7.83	64.2	7.7	70.5	10

放顶引起应力集中程度下降后，深部待采矿体承受的应力绝对值仍然较大，采用常规支护方式（如砌人工矿柱）可能很难奏效。不过，计算的应力可能比实际情况偏大，因为计算过程假设除放顶带外，采空区中无点柱支撑，也无其他部位冒落接顶，实际采空区中还存在大量顶、点、底柱及人工矿柱、冒落接顶部位。建议开采深部矿体时，巷道支护推行锚喷或锚网喷等塑性支护，采场顶板采纳锚网局部护顶，必要时辅助钻孔爆破卸压[19]，具体施工方式、参数应根据试验确定。

分析 NFAS 计算的位移（图 2.8），结果表明实施局部切槽放顶将不会引起地表发生明显的岩移。若 750m 水平以上全部采空，形成直通地表的完全连通采空区，且仅 1133m 处应用宽 2m 的钢筋混凝土隔离墙支撑，理论上才会引起地表发生不超过 200mm 的下沉。在此基础上实施局部切槽放顶，才会进一步将地表下沉量加大到 325mm。但是，采空区实际上并不是完全连通的，在采空区中还断续分布着大量人工矿柱和顶、点、底柱，而且采空区并未直通地表，地表还存在二维有限元计算方法无法考虑的山脊、山谷和山坡地形，并且计算仅按剖面通过的

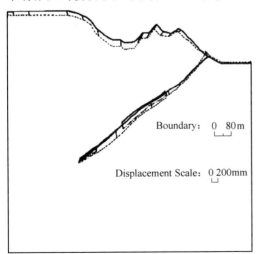

(a) 采空区处理前的位移

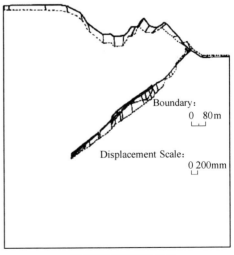

(b) 采空区处理后的位移

图 2.8 采空区处理前后的顶板位移分布

最高山脊估算可能出现的原岩应力。由于地表地形的分布，加上逐步沿走向实施放顶，在渐渐变形的复杂过程中会引起向上和向下的部分变形量相互叠加[20]，因此，实际岩体荷载比计算考虑的小，实际下沉量比计算量要小。况且，开采和切槽放顶并不是一次性完成的，尤其开采，经历了 30 多年的时间，即使放顶，长 700m、宽 10m 的两带工程量在边处理采空区边残采矿柱的情况下也历时了 4 年多，如此长的时间内渐渐实现小于 125mm 的下沉增量，是很不明显的。

九女磷矿等有关矿山的实践证明，合理调整放顶顺序，并将开采废石就地充填采空区，既能进一步削减一定规模冒落所激起的空气冲击波，也能适当控制地表最大下沉量，还可避免因山坡排土而造成泥石流隐患[20]。采空区处理前踏勘地表，发现仅约 2m 宽的矿体露头线草木不生，其他部位都植被茂密，未见地表出现裂缝；踏勘采空区，仅见因非法盗采而掏空底板的钢筋混凝土隔离墙有 1~5mm 宽的开裂。

B 顶板应力状态的 ANSYS 及渗流水力耦合分析

由于二维有限元计算方法无法考虑山脊、山谷和山坡地形，无法考虑采空区中断续分布着的人工矿柱和顶、点、底柱，二维 NFAS 程序分析出的应力、位移可能偏大。ANSYS 程序不仅可以弥补 NFAS 程序的不足，而且可以方便地模拟沿走向实施的切槽放顶以及为了控制局部地压而实施的沿倾向的切槽放顶。

三维 ANSYS 分析采用位移边界条件，在 x、y 和 z 单方向分别位移约束，角点处二向或三向位移约束，地表为自由边界。根据生产实际，假设除 980m、916m 和 780m 水平保留有不连续的顶、底柱外，750m 水平以上都被采空，在顶柱上间隔地分布有出矿漏斗，在底柱上间隔分布有上山出口，如图 2.9 所示。计算范围为：（300~1500）m×（200~1475）m×110m，其中走向长 110m，垂直深度范

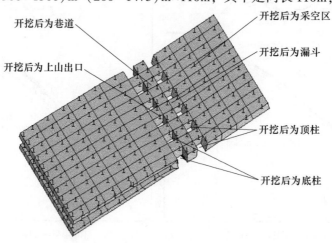

图 2.9 顶、底柱分布

围为 300~1500m。

依据 2.1.2 节中研究出的切槽放顶法基本参数，参考二维 NFAS 数值模拟结论，分别在 866m、966m 水平附近沿走向全长实施宽 10m 的切槽放顶，弱化顶板岩体的深度取 5m。有双层采空区的地段，对上下两层顶板对应同时放顶。计算方案分三种，即：方案 I，在 866m 和 966m 附近沿走向全长实施控制爆破局部切槽放顶；方案 II，除

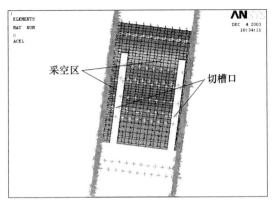

图 2.10　沿倾向局部切槽的位置

方案 I 的工序外，还沿倾向类似地局部放顶；方案 III，不放顶。在方案 II 中，分别在 1150~1236m 水平和 966~1100m 水平间实施沿倾向的局部放顶，两切槽放顶带沿走向间隔 70m，如图 2.10 所示。分析结果如图 2.11~图 2.13 和表 2.5 所示。

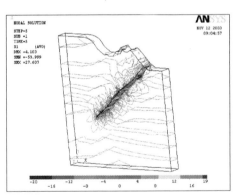

(a) 拉应力

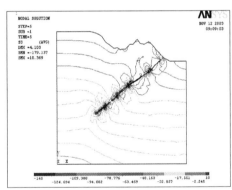

(b) 压应力

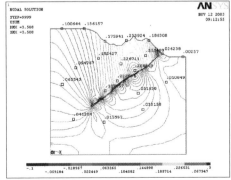

(c) 位移等值线

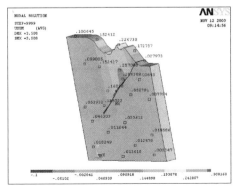

(d) 位移云图

图 2.11　方案 I 的计算结果

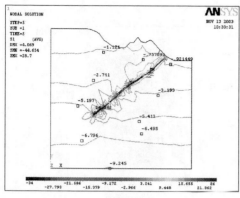

(a) 拉应力

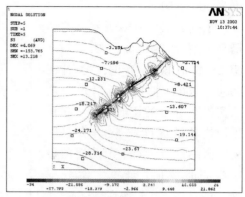

(b) 压应力

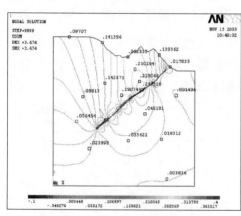

(c) 位移等值线

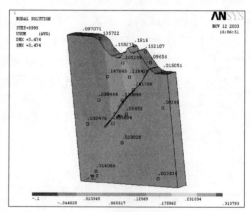

(d) 位移云图

图 2.12　方案Ⅱ的计算结果

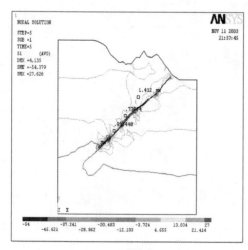

(a) 拉应力

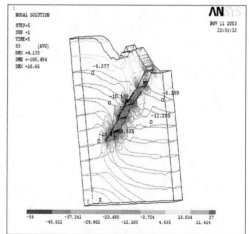

(b) 压应力

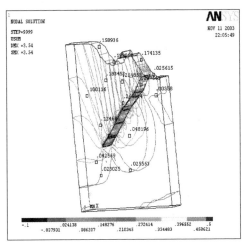
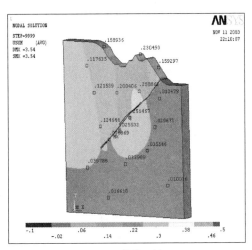

(c) 位移等值线 (d) 位移云图

图 2.13 方案Ⅲ的计算结果

表 2.5 关键点（最大值）比较

方　　案		Ⅰ	Ⅱ	Ⅲ
拉应力/MPa	750m 水平	27.61	26.53	27.63
压应力/MPa	隔离墙	179.1	153.8	180.5
	750m 水平	65.7	65.0	88.6
位移/mm	地表	233.9	202.3	230.5
	顶、底板闭合量	3508	3474	3540

注：最大平均顶板位移发生在 966m 水平和 1133m 水平之间。

　　分析表明（图 2.13（a））：当 750m 水平以上被采空后，靠近 866m 和 966m 水平的顶板处于受拉状态。这表明在 866m 和 966m 水平附近实施切顶是合理的；在 866m 和 966m 水平附近实施切顶后，深部水平（750m）拉应力和压应力分别降低了 0.02MPa 和 22.9MPa（表 2.5，图 2.11~图 2.13），隔离墙处的应力减小 1.4MPa，地表岩移增大 3.4mm。三维计算的结果与理论分析（2.1.3.1 节）、NFAS 二维分析的"隔离墙处应力增大"有差异，这可能是三维模型弥补了材料力学模型及二维模型过度简化了地表地形及实际采空区空间形态的缘故。

　　沿倾向类似地放顶，不仅可以调整局部地压，而且可以减小地表岩移（表 2.5，图 2.11、图 2.12），关键点（750m 水平、隔离墙）的应力都降低了，这可能是沿倾向类似放顶后，松石堆筑成坝并承压的部位更多的缘故。

　　可见，放顶将使顶板应力向更有利于安全生产的状态转化。沿倾向类似地实施切槽放顶，不仅可以调整局部地压，而且可以减小地表岩体移动和关键点的地压[21]。三维 ANSYS 分析又一次证明，在 866m 和 966m 水平附近实施切顶是合理的。

矿体开采形成采空区的过程，实质也是个对上部已采动的岩体疏干地下水的过程。地下水对采空区围岩基本无影响，仅沿渗流流动方向对采空区围岩施加了一个微弱的拉力。地下隔水层控制着渗流的渗透性和流向，其中渗透性较流向对岩体施加作用力或引起应力重分布的影响更大。总之，渗流对采空区围岩表现出浮力的作用效果，对深部待采矿体则表现为一种重力荷载作用，且影响程度很有限[22]。因此，今后研究硬岩的采空区处理问题，不再专门考虑渗流的影响。

李俊平等[23]的实际研究也表明，三维水力耦合出的不放顶的切槽放顶位置与二维 NFAS、三维 ANSYS 基本一致，结论都是在 866m 和 966m 水平附近实施切槽放顶是合理的，放顶之后深部水平的应力都有所降低，地表不会引起明显的岩体移动；不考虑渗流时，放顶之后由于两放顶带的支撑传递作用，深部水平和钢筋混凝土隔离墙处的应力都减小了，总岩移增加量约为 38.1mm；考虑渗流时，由于渗流的近似水平拉动作用，放顶之后深部水平的应力都减小了，但钢筋混凝土隔离墙处的压应力增大，拉应力减小，总岩移增加约 37.5mm，相对不加渗流时增加量微弱减小了 0.6mm[23]。

由于三维水力耦合计算模型沿矿体走向在两边边界考虑了弱化单元，相当于在走向方向间隔一定距离沿倾向类似切槽放顶，或者沿走向间断分布有天然或人工点柱、顶柱和底柱，因此，应力集中程度和总位移都较二维计算的小。这也类似 ANSYS 仿真，说明除在 866m 和 966m 水平附近沿走向全长实施放顶外，在走向再间隔一定距离沿倾向类似放顶，既可以有效调整局部地压，又可以减小地表总岩移量[23]。但三维水力耦合分析的放顶带沿走向间隔 20m 较三维 ANSYS 分析放顶带沿走向间隔 70m 小很多，计算模型中考虑的沿倾向的放顶量可能比实际稍大，尽管考虑渗流影响较不考虑渗流位移增量减小了 0.6mm，放顶引起的总位移增量可能比现场实际大，因此，切槽放顶引起的岩体移动可能介于二维计算的125mm 和三维 ANSYS 分析的 28.2mm 之间。

2.2　切槽放顶地压控制实践

2.2.1　东桐峪金矿顶板冲击地压控制实践

2.2.1.1　切槽放顶施工

根据研究结果，结合开采实际，首选在回收完矿柱、地压显现最严重的966m 平巷，实施控制爆破局部切槽放顶。东桐峪金矿沿脉平巷布置在矿脉内，截至 2001 年 3 月底，966m 平巷顶、底柱已回采完毕。回收完顶、底柱的脉内平巷类似采空区内的一条"堑沟"，如图 2.14 所示，有利于控制爆破切槽放顶施工。

根据矿柱回收实际及当时的开采现状，放顶爆破过程中必须避免或尽量减小放顶爆破振动影响 980m 平巷的稳定性。为了达到放顶的目的，必须崩垮放顶带中的夹石顶柱和未采的含极薄矿脉的顶柱及放顶带附近 6~8m 范围内的人工和天然矿柱。放顶试验中掏槽眼垂直深度取 2.1~2.2m，崩落眼垂直深度取 1.94m，放顶带宽度取 10m。

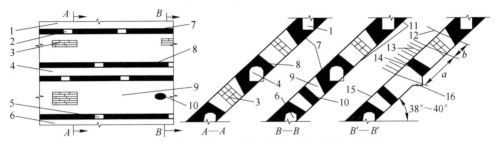

图 2.14 矿柱回收前、后剖面及切顶炮眼布置示意图

(*B′—B′* 表示矿柱回收后的剖面)

1—980m 平巷；2—人行井；3—人工矿柱；4—966m 平巷；5—溜矿井；6—916m 平巷；7—底柱；
8—顶柱；9—采空区；10—点柱；11—底板；12—预裂炮眼；13—切顶炮眼；14—残留顶柱；
15—顶板；16—回收矿柱后的 966m 平巷；
a—放顶带宽度，取 *a*=10m；*b*—预裂眼离放顶带的距离，取 *b*>2m

为了避免或尽量减小放顶爆破振动影响 980m 平巷的稳定性，确保施工安全，采用集中凿眼，分次分段微差爆破。每次沿采空区走向起爆的长度不超过 30~50m，同时刻起爆的炮眼数不超过 10 个。980m 平巷顶、底柱极破碎时，在其对应的下部地段切槽放顶时，还必须在放顶带上部大于 2.0m 处沿采空区走向布置一排预裂眼。放顶带及预裂眼在倾向的布置如图 2.14 所示。为了提高切槽放顶的接顶效果，炮孔口用长 20cm 的黄泥紧密堵塞。人工矿柱（图 2.15）采用小型药室爆破。

天然矿柱（图 2.16）采用多排炮眼爆破，每排炮眼内沿矿柱垂直方向布置 2~4 个炮孔以防出现冲孔拒爆现象。崩倒放顶带中的矿柱时，残留 0.3~0.8m 根底，确保爆破的松石稳定堆积筑坝。由于矿体品位较高，较大矿柱上的薄脉矿体有回收价值。集中凿眼时，先崩倒这部分矿柱，并快速清理矿石；清理的同时，在其正上方顶板上补充凿眼。为了保证松石的接顶效果，对较大的夹石顶柱也可先崩倒，适当清理后，在顶板上补充凿眼，或者在下次集中凿眼时补充凿眼。

放顶爆破前，采空区像一座巨大的高度约为 2.0m 的地下倾斜"广场"，如图 2.17 所示。若只切顶不崩倒矿柱，爆破后 3~5h，发现顶板一般有约 0.5m 的悬空高度，局部由于钻孔深度不够（仅为 1.5m）或钻孔倾角为 45°左右时，悬

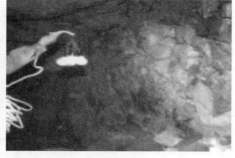

(a) 平视　　　　　　　　　　　　　　　　(b) 仰视

图 2.15　人工矿柱照片

图 2.16　天然矿柱照片（平视）

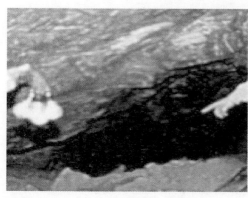

(a) 俯视　　　　　　　　　　　　　　　　(b) 仰视

图 2.17　放顶前采空区照片

空高度达 1.2m，但崩落带中顶板普遍开裂严重。第 2 日、第 3 日，甚至第 7~10 日观察，都发现了新的顶板冒落。若将放顶带中及其上部 6~8m 范围内的矿柱全部崩倒，上述开裂严重的顶板仍将继续冒落，直至冒落松石接顶为止。爆破放顶 2 个月后拍摄的顶板接顶效果如图 2.18 所示。

　　若在切顶的同时一次性将放顶带中及其上部 6~8m 范围内的矿柱全部崩倒，

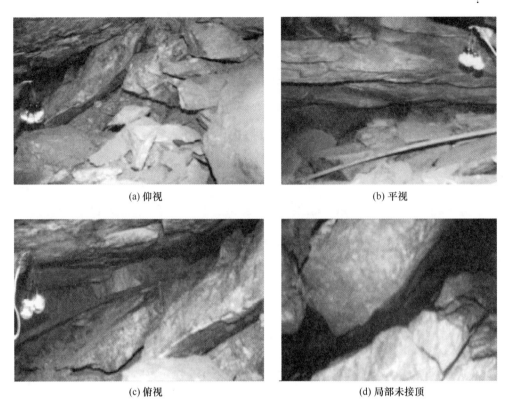

(a) 仰视	(b) 平视
(c) 俯视	(d) 局部未接顶

图 2.18　放顶后松石堆积坝照片

第 2 天观察时，发现放顶带上放落松石基本接顶，局部还有约 0.4m 的悬空，但未接顶的顶板普遍开裂严重（图 2.18（d）），随后数天常有冒落发生，直至冒落松石接顶。个别地段，由于残留低品位矿柱或夹石较厚大，崩倒矿柱和夹石时无法在其正上方顶板上凿岩，矿柱崩落后仍有 1.2~1.5m 左右的悬空高度。等放顶稳定 5~7 天后，对底板上放落松石及顶板浮石稍做清理，然后在顶板上再次凿岩，眼深约 1.5~1.8m，眼倾角度 75°左右，爆破后可冒落接顶。每次爆破 0.5~2h 后到 980m 平巷观察，均未见到原来开裂的顶、底柱及顶板掉块。放顶施工过程中，通过加强施工地段的采空区照明，加强顶板敲帮问顶和声发射（AE）监测预报，加强与上部中段采矿队的协调，对较危险的局部地段应用木支柱临时支护，确保了施工安全。

放顶施工证明，切槽深度的计算是正确的。由于岩体实际爆破放顶的松散系数可能大于 1.4，而且根据计算分析确定的切槽地段的顶板实际拉应力较大，再加上爆破过程中较好地进行了炮孔堵塞因而充分利用了炸药的爆炸能，所以，确保施工过程中的垂直凿眼深度大于 1.5m，就能保障放顶后顶板在短期内较好地冒落接顶。

2.2.1.2 应力调整效果的声发射监测评价

根据切槽放顶前后顶板应力分布规律的研究结论，参考 AE 试验和有关工程经验[5]，应用 AE 技术定性评价了东桐峪金矿采空区处理效果。AE 监测孔布置如图 2.19 所示。

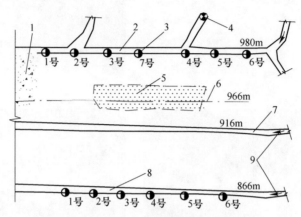

图 2.19　声发射监测钻孔布置示意图

1—冒顶塌落带；2—980m 沿脉巷道；3—AE 监测孔；4—溜矿井；5—切槽放顶带；
6—966m 沿脉巷道（已回收矿柱）；7—916m 沿脉巷道；8—866m 沿脉巷道；9—入井方向

在 966m 水平实施控制爆破切槽放顶，尤其接顶后，在 866m 水平附近的应力会降低。根据压力拱原理，在 980m 水平附近的应力也会降低。为了评价切槽放顶是否能引起顶板应力按力学分析的结果及压力拱原理重新分布，即评价是否能引起顶板应力向有利于安全生产的方向重新分布，按图 2.19 布置监测孔[24]。钻孔布置在完整顶板或矿柱上。各孔沿倾向基本正对准备切槽放顶的地段。采用随机抽样监测，每天或隔天监测。

从 2001 年 8 月 10 日~9 月 10 日集中在东桐峪金矿 966m 水平正对 614 采场附近，沿空场走向实施了长约 70m 的切槽放顶。沿倾向放顶宽 10m。放顶之前，从 2001 年 2 月 7 日开始分别在 866m 和 980m 水平不间断地随机抽样监测，共监测了约 6 个月。放顶约 1 个月之后，即应力重分布稍微稳定之后，重新在上述地点不间断地随机抽样监测，共监测了约 4 个月。放顶之前，各孔 AE 监测值都较大，但还不至于引起顶板冒落，因此取每次监测的平均值绘柱状图。放顶稳定之后，各孔 AE 监测值都较小，故取每次监测的最大值绘柱状图。无论放顶前，还是放顶稳定后，各孔 AE 测值中大事件都较小，不便于比较，因此仅绘总事件和能率的柱状图。部分监测结果如图 2.20 所示。

由图 2.20 可以看出，放顶稳定后，各监测孔的 AE 值都较放顶之前平静。说明放顶，尤其接顶后，980m 和 866m 水平附近应力明显降低了。这有利于安全开

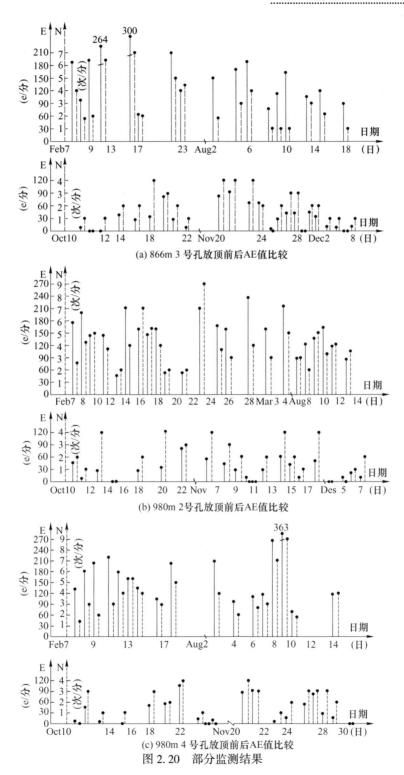

(a) 866m 3 号孔放顶前后AE值比较

(b) 980m 2号孔放顶前后AE值比较

(c) 980m 4 号孔放顶前后AE值比较

图 2.20 部分监测结果

采深部水平的矿体、回收 980m 水平附近的高品位矿柱及回采 980m 水平附近的下层矿。AE 监测证明，实施切槽放顶能引起顶板应力向有利于安全生产的方向重分布。

切槽放顶施工 2 个月后踏勘采空区，发现放顶带附近到钢筋混凝土隔离墙处偶有顶板冒落，放顶带接顶很好，深部待采矿体部位再未见采空区处理前常发生的飞石、矿柱出现开裂声响等岩爆现象；切槽放顶施工 4 个月后再次探勘地表，发现草木不生的地段未加宽且仍只有矿体露头部位，也未发现地表开裂。通过实施采空区处理，东桐峪金矿延长了服务年限 6 年，多回收矿石 45 万吨，年创直接经济效益 3404 万元。

2.2.2 辽宁金凤黄金矿业有限公司顶板冲击地压控制实践

2.2.2.1 矿山概述

辽宁金凤黄金矿业有限责任公司是一个 500t/d 规模的地下岩金矿山，矿体走向长 600m，斜长 350m，矿体厚度 1.02~28.05m，平均厚度 4.61m，平均地质品位 5.81g/t。矿体顶板围岩主要是大理岩矽线石云母变粒岩和黑云母变粒岩。顶板围岩为大理岩时，岩石稳固性较好；顶板围岩为片岩时，片理层间多为石墨，胶结性差，顶板暴露时易发生冒落。矿石普氏系数 $f = 8 \sim 12$，松散系数为 1.5，矿石密度为 $2.64t/m^3$。已有 330m、300m、270m、240m 4 个生产中段，其中 270m、240m 为主要生产中段，330m、300m 为残采中段。这 4 个中段的斜长约占矿体总斜长的一半，达 180m。下部 210m、180m、150m 中段正在开拓、探矿。主要采矿方法为全面法，个别矿段采用留矿法。

270m 中段以上形成了大量采空区。这些采空区中，有规模较小的孤立采空区，也有规模较大的连片采空区。采场中尚留有很多矿石和矿壁。采空区局部常常发生冒顶、片帮和矿柱弹射现象。根据东桐峪金矿的实践，结合现场地质调查和技术、经济分析，决定采用切槽放顶法处理采空区，同时尽量回收采空区中的残矿。因此，必须寻找顶板拉应力显现的位置作为切槽放顶筑坝封隔采空区的合理位置。

结合矿山实际条件，决定应用顶板应力观测法来确定切槽放顶的合理位置，采用 90mm 直径的中深孔凿岩机实施切槽放顶凿岩。根据式（2.14）、式（2.21）及矿山实际，分别确定切槽放顶的垂直炮孔深度为 2.1~3.0m，切槽放顶带宽度为 8~13m。

2.2.2.2 切槽放顶位置观测研究

在 300m、270m、240m 中段布置应力、位移观测点。位移观测采用水准仪，应力观测采用 ZLGH-20 型钻孔应力计，配套 JSJ-2A 型电脑接收仪。定期观测，绘制应力、位移监测结果折线图，部分结果如图 2.21 所示。图中 1、2 号测点位于 300m 中段，3 号测点位于 270m 中段；"+"为受压，"-"为受拉。

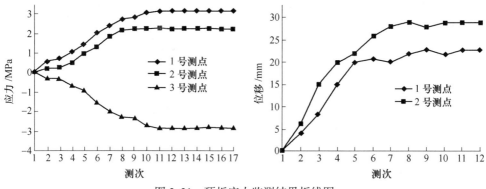

图 2.21 顶板应力监测结果折线图

根据采空区应力监测分析（图 2.21），选择在顶板出现拉应力带的 270m 中段采空区实施切槽放顶[25,26]。一般采空区切槽炮孔的垂直深度取 2.1m，切槽带宽度取 8m。采空区高度超过 3.5m 时，切槽深度取 3.0m，切槽带宽度取 13m。

2.2.2.3 施工效果评价

放顶后第 2 天观察，发现放顶带放落松石基本接顶，局部有 0.5m 左右悬空，但是，未接顶的顶板开裂严重，随后数天常有冒落发生，直至冒落松石接顶。根据全面实施切槽放顶处理采空区的实践，可得出如下结论：

（1）根据采空区应力状态监测分析确定的切槽放顶位置是合理的。在该位置切槽放顶，成功地崩落了顶板，并引起顶板在该地段冒落、短期接顶。

（2）实施完切槽放顶，并经历 1~2 个月的应力调整后，240m 以下的深部水平及 270m 以上中段的地压显现剧烈程度明显减弱。

在 270m 中段采空区中全面实施切槽放顶时，4 年共从残留矿柱、矿壁及底板清扫中回收黄金 1200kg，年创直接经济效益 4950 万元。

2.2.3 鸡西矿业集团沿空留巷地压控制实践

沿空留巷是提高回采率、降低掘进率、减少巷道维护费、提高开采经济效益的一项重要措施，也是当前煤矿进行技术改造的重要内容之一。为了缓解采煤面接续紧张的局面，鸡西矿业集团公司在其下属各煤矿推广了沿空留巷技术。

由于采后顶板一般不会及时垮落，老顶形成了较长的悬臂梁，使得开采地压在沿空留巷的顶板过度集中，即使采用锚杆、锚索甚至锚杆+锚索+网联合支护顶板，沿空留巷巷道经过几个月的变形后，巷道断面都从 3m×2.3m，甚至更大，减小到不足 1m×1m、甚至更小，以至不能满足开采回风、行人和运料的要求。

因此，在作者总结的板理论（切断或弱化顶板，使顶板随着回采及时垮塌，降低板（悬臂板）挠度及因此而引起的拉应力；若垮塌的松散体能及时筑坝接顶，还可引起顶板应力向底板转移）的指导下，将切槽放顶法应用到沿空留巷的地压控制中，降低沿空留巷的顶板应力集中程度，确保沿空留巷的安全、稳定[27]。

2.2.3.1　鸡西矿业集团沿空留巷布置及地压显现特征

在巷道掘进后，先用锚索、W 钢带，或锚杆、锚网联合支护顶板。东海、杏花锚索网度为 3m×3m，荣华为 2m×1m，长度 5~7m。对局部较破碎顶板，还在锚索排间、或者根间辅以长约 1.5~2m 的树脂锚杆，形成联合支护体，并用锚杆、塑料网联合支护煤壁。护壁锚杆网度为（0.8~1.0）m×（0.8~1.0）m。对关键巷道，或地压显现特别严重，或遇水严重风化的巷道，还辅助喷浆封闭锚网等支护体。上分区煤层开采完毕形成采空区后，在距离其下巷的下帮 2.5m 处砌筑 2.0~3.0m 宽的毛石墙支护悬空的顶板，形成沿空留巷。毛石墙下坑 0.7m，如图 2.22 所示。

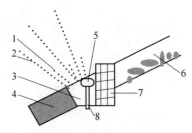

图 2.22　砌毛石墙沿空留巷示意图
1—锚杆；2—锚索；3—沿空留巷；
4—煤层；5—钢顶梁；6—采空区；
7—毛石墙；8—单体柱

东海、杏花、荣华等煤矿直接顶、底板一般都是细砂岩，厚度 2.0~3.0m，老顶一般为厚度约 3.0m 的中砂岩，煤层厚度约 0.8~1.8m。由于老顶稳固，一般采后顶板不会及时垮落，采空区不能及时充填，导致沿空留巷支护体变形、破坏严重，部分巷道断面甚至封闭、坍塌，几乎一半巷道的净断面缩小约 50%，不能满足回风、行人和运料要求。

根据东海、荣华和杏花等煤矿的实测，发现沿空留巷沿走向的矿压显现分为如下 5 个带，特点分别如下：

（1）微弱影响带。在工作面前方 3~20m 以外顶板完整稳固，支柱载荷和顶、底板移近量不明显，支护无变形。

（2）明显影响带。在工作面前方 3~20m 至工作面后方 0~5m 内，支柱载荷和顶、底板移近量明显增加，支护虽然完整无损，但已发生明显变形。

（3）强烈影响带。在工作面后方 0~30m 范围内，由于受采动影响，引起围岩剧烈活动，支柱载荷和顶、底板移近量急剧增加，支护变形、损坏，顶板裂隙增多或松散破碎。这时顶、底板移近量占总移近量的 60% 左右，最大值一般发生在 18~25m 之间。

（4）影响减弱带。在工作面后方 30~60m 范围内，随着工作面向前推移，采空区顶板逐步冒落、压实，在强烈影响带的后方出现了矿压显现减弱带。在该带，支柱载荷逐渐减弱，顶、底板移近量占总移近量的 24% 左右。

（5）渐趋稳定带。一般在工作面后方 60m 范围以外。该带顶、底板移近量明显减少，各种矿压显现逐渐稳定，顶、底板移近量占总移近量的 15% 左右。

垂直沿空留巷巷道的走向，其仰斜矿压的显现特点是：距煤壁越近，顶板压力和顶、底板移近量越小；反之，顶板压力和顶、底板移近量越大。为了减小采煤、放顶等引起的应力调整对沿空留巷的影响，应在采煤工作面前方 20m 至采煤工作面后方 50~60m 内，沿下巷上帮（软帮）顶板间隔 1~1.2m 布置钢顶梁及摩擦支柱或单体液压支柱，如图 2.22 所示。支柱距离随后砌筑的毛石墙约 0.5m。待采煤面向前推进到 50~60m，地压显现渐趋稳定，且毛石墙砌筑完好并能承载后，可撤除支柱和钢顶梁。

2.2.3.2 切槽放顶在鸡西矿业集团沿空留巷中的应用

A 切槽放顶沿空留巷

随着回柱放顶，在采空区沿走向应用控制爆破技术局部切槽放顶，形成宽 6~10m 的爆破松石堆积坝，支撑顶板，降低沿空留巷顶板的应力集中程度。为了减小爆破振动对沿空留巷稳定性的影响，在放顶带和沿空留巷巷道之间沿走向布置一排孔间距 0.5~0.8m 的预裂爆破钻孔。预裂爆破采用间隔钻孔装药，每个装药孔共装 1~2 个药卷，将药卷分成 3~6 段间隔装填。装药要求填充密实，并用黄泥紧密堵塞。预裂爆破钻孔较放顶掘槽钻孔深约 0.3m。为了减小沿空留巷的顶板悬臂长度，预裂爆破钻孔及放顶带尽可能接近沿空留巷巷道软帮，如图 2.23 所示。

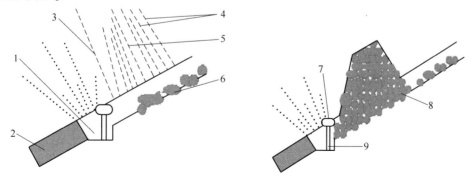

图 2.23 控制爆破切槽放顶炮孔布置及放顶效果示意图

1—沿空留巷；2—煤层；3—预裂炮孔；4—放顶装药孔；5—中心空孔；6—采空区；
7—钢顶梁；8—控制爆破松石堆积坝；9—单体液压支柱

根据顶板稳定程度决定上片盘采空区回柱后一次沿走向切槽放顶的长度一般不超过 3~10m。回柱前先凿炮眼，并在准备撤柱时一次性装药，回柱后即刻一次性爆破。顶板冒落稳定后，切槽放顶沿空留巷的效果如图 2.23 所示。待采煤面向前推进到 50~60m，地压显现渐趋稳定后，撤除上帮（软帮）单体液压支柱和钢顶梁。

B 切槽放顶与砌毛石墙联合沿空留巷

当老顶强度相对较低，或者沿空留巷支护元件长度不够未穿透顶板松动圈，或者支护参数过大，或者上覆岩层地压较大，即使采用切槽放顶卸压，沿空留巷仍然难以确保稳定时，除了按照切槽放顶沿空留巷爆破施工外，还要沿软帮砌筑宽度 1.0~1.5m 的毛石墙。如图 2.24 所示。

砌毛石墙滞后切槽放顶线约 30m。如果在切槽放顶后再砌毛石墙，放顶带和沿空留巷巷道软帮间的间距应控制在约 10m。待采煤面向前推进到约 60m，地压显现渐趋稳定，且毛石墙砌筑完好并能承载后，可撤除上帮单体液压支柱和钢顶梁。

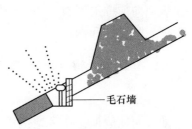

图 2.24 切槽放顶与砌毛石墙联合沿空留巷

C 钻孔深度设计与施工

按照式（2.14），爆破裂纹扩展的最小深度为：

$$L_{\min} = \frac{\sqrt{6}}{2}\left[1 + 3\sqrt{\frac{49033(0.0126z - 1.7 \times 10^4)}{S_t}}\right]r_e \qquad (2.22)$$

式中，z 为岩石声阻抗，对砂岩按表 2.2 取 $8\times10^6 \sim 10\times10^6\text{kg}/(\text{m}^2 \cdot \text{s})$；$r_e$ 为炮孔半径，取 0.02m；S_t 为砂石的抗拉强度，取 $2\times10^6 \sim 4\times10^6\text{Pa}$；计算得 $L_{\min} \approx$ 2.4~3.35m。

因此，只要在老顶砂岩中爆破，爆破振动裂纹就足以破断厚度 3.0m 左右的中砂岩。

为了防止砂岩间层理反射、折射或沿层理传播损失爆炸冲击波能量，从而影响爆破振动冲击波破断老顶的效果，放顶钻孔的垂直设计深度应该大于直接顶厚度。例如，在杏花矿 23 号左一工作面，平均煤层厚 1.8m，倾角 6°，直接顶为厚度约 2.0m 的细砂岩，钻孔垂直深度则取 $L = 2.2 \sim 2.4$m。

沿倾向在中心空孔两侧对称同段装药起爆。为了确保放顶筑坝效果，在中心空孔底也密实装填药卷 1 个，待掏槽眼 2 段起爆后，3 段起爆中心空孔孔底的药卷，再分别对称从内向外 4 段、5 段、6 段起爆其他炮孔。根据现场凿眼放炮经验，大规模切槽放顶施工时，采用四眼加中心空孔平行直眼掏槽，抵抗线从

60cm、100cm、120cm 到 140cm 逐步加大。掏槽垂直眼深 2.2m，崩落垂直眼深 2.0~2.20m，中心空孔垂直眼深 2.4m。

为了确保切槽放顶施工时瓦斯不超限，在采面尾巷备有 5kW 风机和风筒。若发现瓦斯超限，即刻撤出人员，由瓦斯检测员开动风机。

试验表明，中心空孔两侧分别布置 3 排炮孔，放顶爆破松石筑坝宽度可以达到约 6m。如果分别布置 4 排炮孔，放顶爆破松石筑坝宽度可以达到约 9m。一般在爆破施工后 3~20d 内，老顶断裂、垮落，爆破松石堆筑坝可以密集地接顶，并支承顶板覆岩压力。

D 切槽放顶效果观测评价

在杏花矿 23 号左一工作面，应用 1.8m 深的钻孔，眼间距 0.8m，不严格地实施控制爆破切槽放顶。详细观测历时 42d，各项指标见表 2.6。

表 2.6 沿空留巷矿压观测特征表

工作面至切顶线距离/m	测 站	顶底板最高移近速度/mm·d⁻¹	顶底板移近量/mm	占总移近量比例/%
A 区 0~30	1	20	125	50.6
	2	39	122	55.5
	3	42	185	69.3
	4	26	150	63
	5	27	125	63.5
	均值	30.8	141.4	60.5
B 区 30~60	6	14	70	28.3
	7	14	60	27.3
	8	9	49	18.4
	9	13	54	22.7
	10	10	46	23.4
	均值	12	55.8	23.9
C 区 大于 60	11	7	52	21.1
	12	10	38	17.2
	13	6	33	12.3
	14	6	34	14.3
	15	6	26	13.1
	均值	7	36.6	15.6

观测发现，按照上述不严格地实施爆破切槽放顶，直接顶的爆破松石基本能够接顶，老顶在爆破后的短期内（3~20d）也沿倾向发生了断裂。在观测期间，采面推进 142m，发生了 8 次周期来压。

切顶后，矿压观测段仅发现 14 架木棚子不完好，不完好率为 8%。靠煤壁的硬帮棚腿子全部完好，放顶侧软帮（上帮）棚腿子折损 12 根，折损率为 6.7%。其中钢梁压裂、压劈 6 根，压劈率为 3.4%；钢梁被压折 3 根，折损率为 1.6%。可见，实施爆破切顶，对沿空留巷的地压控制效果明显，将以前仅通过砌毛石墙留巷的破损率 50% 以上降低到应用切顶卸压留巷后的 8% 以下。如果钻孔垂直深度取 $L=2.0\sim2.2m$，并严格实施控制爆破局部切槽放顶，通过控制爆破，直接沿倾向折断老顶，并引起直接顶、老顶在爆破的短期内冒落并密集接顶，支承顶板覆岩压力，对沿空留巷的地压控制效果更好。

采用切槽放顶及摩擦支柱或单体液压支柱和钢顶梁补强应力急剧调整期的软帮顶板后，采面周期来压对留巷的支护并没有明显影响。滞后放顶线 50~60m 回撤支柱时，顶板下沉量及支护压力虽然有所增加，但是对巷道的稳定性基本无明显影响。一般仅用切槽放顶法就可以成功控制沿空留巷的地压显现，基本不用再砌毛石墙支护。

E 切槽放顶经济效益评价

卸压留巷与砌毛石墙留巷相比，不仅解决了留巷的地压显现问题，而且可提高采面推进速度 2.3 倍、采煤效率 2.4 倍，单位留巷成本下降 34%，每米留巷减少费用 276 元。在杏花煤矿应用，不计算提高功效带来的效益，仅计算节约巷道建设成本，每年可带来直接经济效益 82.8 万元。指标对比见表 2.7。

表 2.7 切槽放顶卸压留巷与砌毛石墙留巷指标对比

项 目	砌毛石墙留巷（23 号层右十采面/西一采二段）	放顶卸压留巷（23 号层左一采面/西一采右石门）
工程量/m	346	1058
施工班数/个	240	318
平均日进度/m·d⁻¹	1.44	3.33
工数/个	3360	4452
效率/m·工⁻¹	0.10	0.24
支护费用/元	174384	384847
炸药雷管费用/元	3785	4941
工资费用/元	100800	171320
合计费用/元·m⁻¹	278969	561108
单位费用/元·m⁻¹	806	530
单位节省费用/元·m⁻¹		276

按照以前的砌毛石、码编织袋风障沿空留巷工艺，往往出现巷道因垮塌和严重闭合而报废。如果报废后重复掘巷，每米需要直接费用约 1010.7 元，见表 2.8。切顶卸载沿空留巷每米约需 530 元。较新掘进巷道，切顶留巷每米不仅可以节约 480.7 元，而且可以大量缩短施工工期，确保采掘平衡。

表 2.8 掘进一米巷道的直接费用统计

名　　称	单价/元	使用数量	金额/元
掘进工资	450	1	450
螺纹钢锚杆/根	19.0	3	57.0
锚杆托板/块	4.0	6	24.0
锚杆螺帽/个	2.0	3	6.0
树脂药卷/支	1.6	6	9.6
管缝锚杆/根	18.0	3	54.0
W 钢带/片	54.6	1	54.6
金属网/m²	18.0	3	54.0
塑料网/m²	11.0	3	33.0
火药/kg	12.0	8	96.0
电雷管/发	1.0	24	24.0
坑木/m³	570	0.05	28.5
其他费用	120		120
合　　计			1010.7

注：荣华煤矿统计。

根据集团公司财务统计，应用切槽放顶沿空留巷，不计提高采面推进速度
2.3 倍、采煤效率 2.4 倍带来的增效，仅计算节省的巷道建设费用，2006～2011
年为全公司带来 782 万元/年的直接经济效益，以后每年至少还可以带来 782 万
元的直接经济效益。

2.2.3.3 切槽放顶沿空留巷建议

应用控制爆破局部切槽放顶技术沿空留巷，能够克服仅用砌毛石墙沿空留巷
的巷道地压显现，确保沿空留巷稳定，确保安全生产，并能够提高采面推进速度
2.3 倍、采煤效率 2.4 倍，降低留巷成本 34%。但是，切槽放顶卸压沿空留巷能
否完全取代砌毛石墙沿空留巷，客观上取决于顶板的稳定性。顶板越稳定、越坚
硬，切槽放顶沿空留巷效果越好。对于稳定性稍差的顶板，不仅要根据松动圈的
大小调整锚杆、锚索等支护元件的长短，也要根据应力集中状态调整支护参数。
对于稳定性较差的顶板，除了调整支护元件和参数外，切槽放顶后，还要砌筑适
当宽度的毛石墙，如宽约 1.0～1.5m，以确保沿空留巷的稳定。

切槽放顶，钻孔应深入老顶，确保爆破振动冲击波破断老顶，引起老顶在切
槽后短期内破断、垮落。为了减少沿空留巷的维护成本，切槽放顶留巷后应尽快
加以复用。

由于留巷架棚子应用的钢顶梁是工字钢或 U 形钢，钢梁宽度仅 95～125mm，
在动压区棚腿受力不均匀时，容易发生压劈现象。如果将钢梁两端接头处各加焊
1 个 250mm×250mm 的铁托板，就可以防止动压区棚腿受力不均匀时钢梁发生滚

动,从而预防棚腿发生压劈现象。在软帮增加棚腿的强度,如加大单体液压支柱的吨位,就可以有效预防爆破切顶松石对棚腿(支柱)的侧向冲击,确保棚子完好。切顶时,先预裂爆破顶板,也是预防爆破振动对棚腿(支柱)侧向冲击的一种很好的措施。实践证明,按上述改进后,棚腿的不完好率由改进前的8%下降到3%以下。

严格应用控制爆破切槽放顶卸压,并通过控制爆破堆筑松石坝支撑顶板、隔离老采空区,可以很好地避免回风巷漏风,基本不需要再码编织袋等风障,更不需要给堆集隔离坝抹水泥面。为了减小沿空留巷软帮的风阻,仅需适当清理爆破崩散的松石即可。

2.2.4 大峪口磷矿顶板冲击地压控制实践

湖北某化工集团公司采选厂大峪口矿段木架山采区,PH_1磷矿层一直被当地多家集体单位和个人非法无规则地乱采滥挖,目前已经形成了走向长1200m,平均斜长350m,总面积约37.5万平方米的采空区。由于部分采空区的矿柱稀疏、无规则,且尺寸过小,已出现了局部顶板开裂、矿柱倒塌、冒顶等地压显现,残留的矿柱亦难以承担聚集的应变能,有可能在乱采滥挖等诱导作用下诱发顶板冲击地压。为了保护矿产资源,避免顶板冲击地压灾难,确保不影响以后开采上部PH_3矿体及深部PH_1矿体,必须崩塌上部斜长不小于50m的采空区。

PH_1矿层平均倾角为21°~23°。矿层PH_1与PH_3平行产出,两矿层间距为50m。PH_3矿层在PH_1矿层之上,已经用露天开采方式结束了开采,留下的底板即为PH_1矿层的顶板,如图2.25所示。

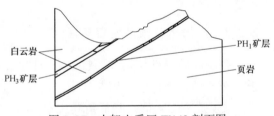

图 2.25　木架山采区 W143 剖面图

PH_1矿层厚度为2~3m,平均2.2m。矿石以泥质条带状磷块岩为主。其间接顶板为白云岩,平均厚度25m。直接顶板为0~3m厚的表外矿层(磷块岩)。顶板节理、裂隙和溶洞不甚发育,稳固性一般较好,仅在矿段北部裂隙及小溶孔发育,稳固性较差。直接底板为隔水性良好的页岩,层理发育。附近类似矿山的岩体物理、力学参数见表2.9。

表 2.9　有限元计算用力学参数

介质参数	容重 γ /kN·m^{-3}	弹模 E /GPa	泊松比 μ	抗拉强度 σ_c/MPa	凝聚力 C/MPa	内摩擦角 ϕ/(°)
白云岩	27.0	24.2	0.21	4.0	4.93	21
北部白云岩	27.0	12.1	0.21	2.67	3.27	18

介质参数	容重 γ /kN · m⁻³	弹模 E /GPa	泊松比 μ	抗拉强度 σ_c/MPa	凝聚力 C/MPa	内摩擦角 φ/(°)
磷矿石	28.7	14.7	0.25	3.0	4.79	25
页岩	27.6	8.6	0.14	2.6	1.62	30
放顶松散体	19.0	0.2	0.21	0.2	0.23	3

注：放顶后估计块度较大，白云岩松散体 k 取 1.4，计算出 γ，μ 不变，其他折减 1~2 数量级[1,28~30]。北部白云岩参数取南部的 1/3~1/2。

为了消除顶板冲击地压隐患，并堵塞非法开采通道，结合木架山的实际，李俊平等发展了切槽放顶法，提出切顶与矿柱崩落法[29,30]。该方法的技术要点是：利用天然断层等大型弱面或爆破切槽放顶，崩倒极限悬臂跨度内的矿柱，或者没有弱面也不切顶弱化而直接崩倒极限跨度内的矿柱，使顶板自然冒落；为了确保后续矿体安全回采，结合矿体开采价值，可采用砌人工隔离墙或留连续矿壁以隔断自然冒落区与深部开采系统的联系，或在自然冒落区以下修截洪沟。为了经济、合理地实施切槽放顶、崩塌矿柱，应用顶板最大允许跨度理论或数值模拟、相似模拟方法确定回收哪些矿柱，从而得到诱发顶板自然塌落的最小顶板跨度（极限跨度），或者确定切槽放顶深度及顶板在天然断层或爆破切槽放顶下处于悬臂状态的悬臂极限跨度。切顶与矿柱崩落法适用于处理地表允许岩体移动的缓倾斜至水平矿体开采所形成的采空区。

为了预测放顶效果，应用数值模拟方法研究切顶与矿柱崩落前后的顶板应力、位移分布，应用相似模拟理论研究放顶后的地表移动角、崩落角及位移变化，并将考虑层理单元的数值模拟结论与相似模拟进行了比较。

2.2.4.1 顶板极限跨度的理论计算

采矿过程中需要保持顶板稳定，避免发生局部自然冒落，一般称为顶板最大允许跨度，即矿柱间距。采空区处理过程中需要爆破崩塌矿柱引起顶板自然冒落的顶板跨度，一般称为顶板最小允许跨度，即顶板极限跨度。确定矿柱崩落的合理极限跨度是崩顶方案设计的重要依据。由于岩体结构及其内应力分布比较复杂，试图用单一模式从理论上对极限跨度做出确切解答是比较困难的。可应用不同方法设计顶板崩落的极限跨度。由于直接顶板较薄，为 0~3m 厚的磷块岩，该设计中视顶板为白云岩。

A 梁理论设计

（1）梁弯曲理论

$$l = 1.29H[\sigma_c/(\gamma H) + \lambda]^{0.5} \qquad (2.23)$$

式中，按表 2.9 岩体抗拉强度 σ_c 取 4.0MPa，岩体容重 γ 取 27kN/m³；原岩应力

场侧压系数 λ 取 1/4~1/3；开采深度 H 取 50m。计算得木架山的顶板极限跨度约为 117.0m。

(2) 固定端梁理论

$$l = h[4\sigma_c/(\gamma H)]^{0.5} \tag{2.24}$$

式中，梁的高度 h 根据实际取直接顶板的平均厚度 25m，其他符号与式（2.23）相同。计算出木架山的顶板极限跨度约为 86.0m。

B 模型法设计

(1) 顶板极限跨度

$$l = 1.25H[\sigma_c/(\gamma H) + 0.0012k]^{0.6} \tag{2.25}$$

式中考虑了开采深度 H 对拉应力集中系数 k 的影响，令 $k = |H-100|$，其他符号意义与式（2.23）相同。计算出木架山的顶板极限跨度约为 121.4m。

若按折减系数 $K = k_r e^{at}$ 计算顶板岩体的强度，则 $\sigma_c = K\sigma_{rock}$。$k_r$ 为岩体完整性系数，因为裂隙不发育，取 0.5；a 为系数，介于 -0.04~-0.01 之间，取 -0.025；t 为空区暴露时间，取 20 年；σ_{rock} 为岩石抗拉强度，MPa。$\sigma_c \approx 0.303 \times 85kg/cm^2 \times 9.8N/kg \approx 2.53MPa$，计算出木架山的顶板极限跨度约为 93.0m。可见，抗拉强度取值差异引起顶板极限跨度的差异较大。

(2) 顶板悬臂极限跨度

$$l = 0.435H[\sigma_c/(\gamma H) + 0.0026k]^{0.6} \tag{2.26}$$

式中，符号意义同式（2.25）。计算出木架山顶板悬臂极限跨度约为 37m。

C 板理论

$$l = \{8\sigma_c HK_c/[3\gamma(1 + K_p)K_t]\}^{0.5} \tag{2.27}$$

对南段采空区式（2.27）中 K_c、K_p、K_t 分别取 0.5、0.2、1，其他符号意义同式（2.23）。计算出木架山的顶板极限跨度约为 90.7m。对北段采空区 K_c、K_p、K_t 分别取 0.3、0.2、1，计算出木架山北段的顶板极限跨度约为 70.3m。

上述计算的崩顶极限跨度南段采空区介于 86.0~121.4m 之间，切顶或顶板受断层、冒落带切割的崩顶悬臂极限跨度为 37m。其中，仅模型法式（2.25）、式（2.26）的计算结果考虑了开采深度 H 对拉应力集中系数 k 的影响，但不能精确考虑层理对计算结果的影响。另外，模型法模拟顶板悬臂极限跨度时，假定顶板完全断开，这与爆破切顶和断层断开顶板的实际不相符，顶板悬臂极限跨度 37m 可能偏小。总之，有必要就切顶参数继续开展数值模拟研究。

2.2.4.2 顶板极限跨度与切顶深度的 ANSYS 分析

A 模型选择

李俊平等应用木架山的 143 剖面（图 2.26）考察了 ANSYS 非线性有限元分析软件的可靠性。验算过程中，对 143 剖面分别采用平面应力受力模型和真三维模型。两剖面的验算都选择 D-P 弹塑性准则，应用位移边界条件，采用分步开挖。计算的岩体力学参数见表 2.9。计算结果如图 2.27 所示。

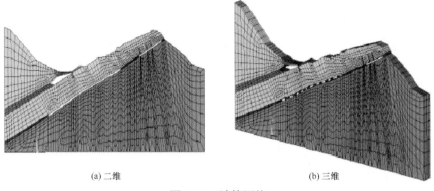

(a) 二维   (b) 三维

图 2.26 计算网格

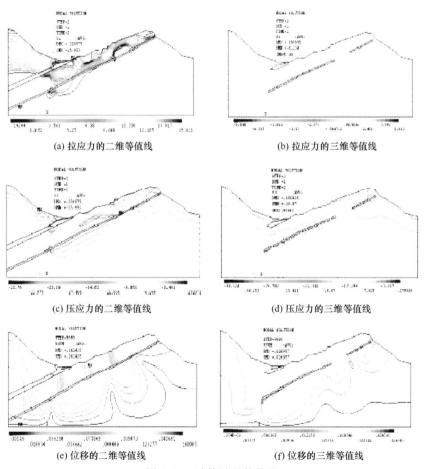

(a) 拉应力的二维等值线   (b) 拉应力的三维等值线

(c) 压应力的二维等值线   (d) 压应力的三维等值线

(e) 位移的二维等值线   (f) 位移的三维等值线

图 2.27 计算结果等值线

研究表明：二维有限元模型不能考虑采空区里断续分布的点柱。要考虑点柱，只有借助三维有限元模型；三维分析与二维分析的结果相差甚远；三维模型因考虑的工程地质条件更接近实际，因而其计算结果更可信。因此，应用三维有限元程序研究顶板极限跨度与切顶深度。研究中，类似 2.2.4.1 节，视顶板为白云岩。

B　极限跨度研究

三维模型的计算范围为 600m×250m×25m。其中，走向长为 25m，垂直深 250m。沿走向方向矿柱间距假定为 20m，即每一边各采空 10m，中间布置沿走向长 5m 的矿柱。大矿柱沿走向长度为 25m。网格剖分如图 2.26（b）所示。应用位移边界条件，采用 D-P 弹塑性准则，从上向下分步开挖小矿柱和大矿柱，直到将大矿柱全部采完。矿柱开挖引起顶板最大拉应力的变化如图 2.28 所示。

从图 2.28 中可以看出，顶板应力随跨度值的增加基本呈线性增加的趋势，当跨度值≥102m 时，顶板出现受拉破坏。

用梁理论公式（2.23）、式（2.24）和板理论公式（2.27）计算的崩顶极限跨度与三维 ANSYS 的分析结果相差超过了 15.7%。因为这些公式都没有考虑采后的次生应

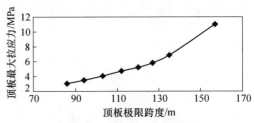

图 2.28　顶板极限跨度与最大拉应力关系的三维分析

力变化。尽管模型法公式（2.25）考虑了采深对拉应力集中系数的影响，但没有考虑层理的影响，计算出的结果与三维分析相差 19.0%。

H. A. 屠尔昌宁诺夫等研究表明，多裂隙岩体的顶板极限跨度约为无裂隙岩体的 0.6~0.7[30]。因此，处理矿段北部采空区时，崩塌矿柱的极限跨度约为 66m。

C　切槽深度与极限悬臂跨度研究

为了经济地确保顶板冒落，在悬臂状态跨度值为 86.5m 时，应用三维 ANSYS 分别模拟不同的切槽弱化深度引起悬臂顶板的最大拉应力变化，据此作出切顶弱化深度占岩层厚度的百分比与悬臂顶板最大拉应力变化的关系曲线，如图 2.29 所示。

图 2.29 说明，在悬臂顶板跨度为 86.5m 时，若切顶深度占岩层厚度的比例达到 23%，可引起顶板局部受拉破坏；切顶深度越大，出现的顶板最大拉应力也越大，顶板被拉坏的程度也越大。考虑经济因素和切顶弱化的可靠性，切顶深度取岩层厚度的 50%为宜。

切顶深度取岩层厚度的 50%，类似地模拟顶板悬臂跨度与顶板最大拉应力的关系，如图 2.30 所示。可见，顶板极限悬臂跨度为 77m。图 2.30 还说明，增加顶板悬臂跨度也可以引起顶板所受的最大拉应力增加。

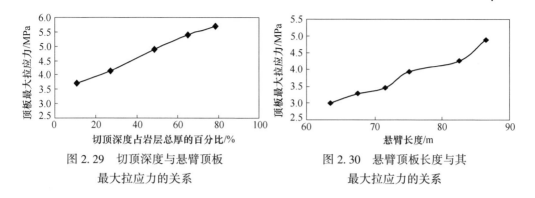

图 2.29　切顶深度与悬臂顶板
最大拉应力的关系

图 2.30　悬臂顶板长度与其
最大拉应力的关系

模型法公式（2.26）计算的结果为 37m。产生偏差的原因是，式（2.26）是在直接顶板完全断裂的前提下计算的，而三维分析只假定直接顶板断裂了 50%，更接近爆破切顶实际。断层由于充填物的充填，或破断深度的限制，也不可能 100% 切断直接顶板。因此，三维分析更接近爆破切顶实际。为了确保顶板及时垮塌，建议在断层或爆破切顶破断部位崩垮矿柱时，极限悬臂跨度应尽量取大值。

根据式（2.22），可得到木架山切槽炮孔垂直深度的计算公式为：

$$L = 50\%H_z - L_{min} \tag{2.28}$$

式中，H_z 为直接顶板岩层的平均厚度，取 25m；L_{min} 值由式（2.22）中 z 查表 2.2，白云岩声阻抗取（12~16）×10⁶kg/(m·s²)；r_e 为炮孔半径，m，由于采用中深孔设备凿眼，取 0.045m；S_t 为岩石的抗拉强度，取 8.33×10⁶Pa；计算得木架山爆破裂纹扩展的最小深度为 4.7m，在木架山将直接顶板岩层切为悬臂状态时切槽放顶炮孔垂直顶板的深度为 7.8m。

考虑直接顶板下有 0~3m 厚的表外矿层，切槽放顶炮孔垂直顶板的深度取 8.0~11m，铅垂深度取 9.0~12.0m。加强炮孔堵塞，可以有效加大炸药密度，从而增加爆生气体产生的孔壁压力，增强对顶板的损伤弱化效果[28]。

2.2.4.3　顶板应力状态的数值模拟

根据上述研究，确定切顶与矿柱崩落方案在木架山的具体表现形式为：在 W138~W139~W140 线间大断裂结构面附近，直接全面崩塌采空区中的矿柱，引起顶板自然冒落；在 W142 线附近，用两排排距为 0.5~1.0m、间距为 1.0~1.4m 的垂直顶板深 8~11m（铅垂深 9~12m）的大直径深孔部分切断顶板，使顶板处于悬臂状态，然后崩垮 77m 范围内的矿柱，使顶板悬臂跨度不小于 77m；在 W143 线，部分回采大矿柱后，直接全面崩垮开采大矿柱后留下的小矿柱及其上部的小矿柱；在北部 W148~W150 线，沿采空区倾斜向上回采未采的矿体，然后全面崩倒留下的矿柱，使顶板跨度不小于 66m。应用三维 ANSYS 软件分析采空区处理前处理后的顶板应力、位移分布。计算中视顶板为白云岩，不考虑 0~3m 厚的磷块岩直接顶。

A 顶板应力状态的 ANSYS 分析[31]

应用三维 ANSYS 软件，按照切顶与矿柱崩落方案在木架山的具体实施形式，分别模拟 W1392、W143 和 W149 剖面的应力、位移分布。部分结果如图 2.31~图 2.33 所示。

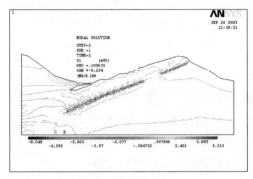

(a) 处理前的拉应力 (b) 处理前的压应力

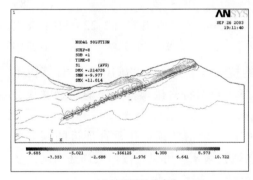
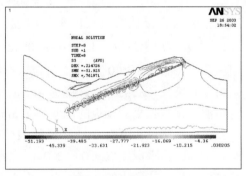

(c) 处理后的拉应力 (d) 处理后的压应力

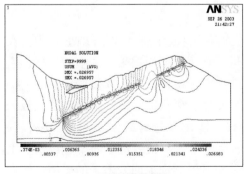
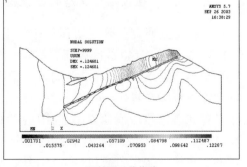

(e) 处理前的位移 (f) 处理后的位移

图 2.31 W143 剖面的计算等值线图

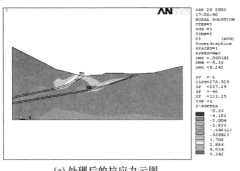
(a) 处理后的拉应力云图

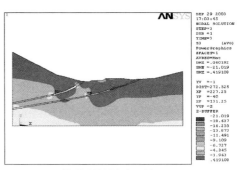
(b) 处理后的压应力云图

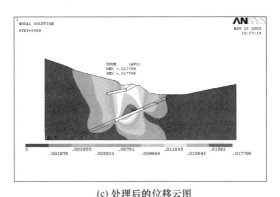
(c) 处理后的位移云图

图 2.32　W1392 剖面的计算云图

　　计算表明（图 2.31~图 2.33），按照提出的切顶与矿柱崩落方案处理木架山采空区，能引起顶板按要求自然冒落；采空区处理后，后续开采的 PH_1、PH_3 矿体处的拉应力集中不超过 2.5MPa，压应力集中不超过 6MPa，在矿柱崩落的正上方的地表最大位移达 12.6cm，其他部位岩体移动不明显，因此，采空区处理有利后续 PH_1、PH_3 的安全生产。

　　按地表下沉量约 5mm 圈定地表移动界限。根据三个剖面计算的采空区处理位移图（图 2.31（f）、图 2.32（c）、图 2.33（c）），可以近似圈定采空区处理引起的地表移动范围。W138~W139 与 W140 间大断裂之间，切顶与矿柱崩落引起的地表移动角为 47°；W139 与 W140 间大断裂至 W146 之间，切顶与矿柱崩落引起的地表移动角为 13°；W146~W150 之间，切顶与矿柱崩落引起的地表移动角为 65°。其中，13°的地表移动角与采矿生产实践经验相差太远。

　　ANSYS 模拟的地表移动角与采矿生产实践经验相差太远的原因是：（1）有限元模拟的前提假设条件是岩体为连续介质，而崩落顶板极限跨度范围内的矿柱或切顶并崩落顶板极限悬臂跨度范围内的矿柱后，尤其覆盖层较薄时，顶板将会破裂、坍塌而变成离散介质，因而失去了计算成立的前提假设条件。（2）有限

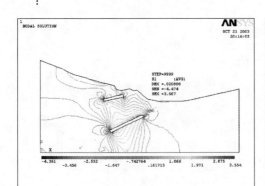 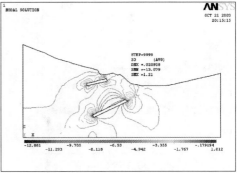

(a) 处理后的拉应力等值线　　　　　　　　(b) 处理后的压应力等值线

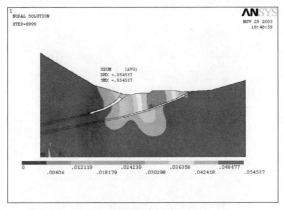

(c) 处理后的位移云图

图 2.33　W149 剖面分析结果

元模拟是一种弹塑性静力学模拟，而整个矿柱崩落，顶板破裂、坍塌和地表移动的过程是一个动态变化过程。因此，ANSYS 模拟的地表移动角是不准确的，有必要借助相似模拟确定地表移动角，圈定地表移动界限，确定崩（垮）落角。

　　B　ANSYS 分析修正

　　现场采集岩石样本，进行室内岩石力学实验，得出岩体力学参数，见表 2.10。据此参数，应用 2.2.4.2 节、2.2.4.3 节 A 中的三维模型，考虑 0~3m 厚的直接顶板磷块岩，重新分析采空区处理的顶板力学特性，确定处理参数，评价处理效果。

表 2.10　木架山的岩体物理力学性质

样品参数	平均容重 /kN·m^{-3}	抗拉强度 /MPa	单轴抗压强度 /MPa	内摩擦角 /(°)	凝聚力 /MPa	弹模 /GPa	泊松比 μ
白云岩	28.5	4.0	108.8	39.7	9.39	18.57	0.149

续表 2.10

样品参数	平均容重 /kN·m⁻³	抗拉强度 /MPa	单轴抗压强度 /MPa	内摩擦角 /(°)	凝聚力 /MPa	弹模 /GPa	泊松比 μ
北部白云岩	28.5	2.67		26.5	6.26	12.1	0.149
磷块岩	25.0	3.0	84.9	39.5	9.13	11.0	0.239
磷矿石	29.8	3.73	120	33	26.7	23.375	0.18
页岩	23.5	5.8	218.2	46	12.56	18.54	0.129
松散体	19.0	0.2		3	0.23	0.2	0.149

注：围岩、矿体弹模按岩石参数折减系数取1/3，容重、泊松比折减系数取1.0，抗拉强度、凝聚力和内摩擦角取2/3；松散体按表2.9的相同方式折减[28~30]。

修正计算表明：根据实验参数，考虑0~3m厚的直接顶板磷块岩，得出的结果与上述结果差别不太明显。修正后，采空区处理引起待采部位集中的应力更小，更有利后续安全开采，按上述确定的极限跨度和切顶深度，可以确保顶板及时自然坍塌。

从上述2.2.4.2节A和2.2.4.3节中可见：计算模型选择的正确与否决定计算结果是否正确；岩体力学参数的变化仅影响数值模拟结果的精度。

2.2.4.4 采空区处理的相似模拟

矿柱崩落法在143剖面附近的具体表现形式为：崩倒上部大矿柱及其上部的小矿柱，如图2.34所示。

图2.34 W143剖面的采空区模型

1—千分表；2—上部大矿柱；3—大矿柱上部的小矿柱

下面借助相似模拟[32]，验证引起顶板自然垮落的极限跨度，确定顶板移动角和垮落角。这对下凹地形下用矿柱崩落法处理采空区、控制地表岩移灾害具有重要参考价值。

A　材料配比与模型制作

模型架长 300cm、厚 20cm、高 250cm。依据模型架尺寸与木架山 W143 剖面图，确定长度比尺 $a_L = 150$。应用河沙、石膏和大白粉配制模型时密度可调整的范围不大，因此，假定各种模型岩石的密度都是 $1.44 \times 10^6 \text{kg/m}^3$。依据单轴抗压强度和相似模拟原理[32]配比，应用正交试验[33]，得出各种模型岩石的配比，见表 2.11。

表 2.11　岩石参数及配比

岩性	密度 /kg·cm⁻³		单轴抗压强度 /MPa		配比 （砂：石膏：大白粉）	每厘米厚模型的用量/kg		
	原型	模型	原型	模型		沙子	石膏	大白粉
白云岩	2.85	1.44	108.8	0.366	7:5:5	7.56	0.540	0.540
磷块岩	2.50	1.44	84.9	0.326	9:2:8	7.8	0.173	0.691
磷矿	2.98	1.44	120	0.387	7:4:6	7.56	0.432	0.648
页岩	2.35	1.44	218.2	0.891	6:4:6	7.38	0.492	0.738

注：原型岩石密度和抗压强度是对现场采样进行室内岩石力学参数试验所得，依据表 2.10，按折减规则反推得到。

数值模拟表明，三维计算能模拟大、小矿柱（点柱），比较符合实际情况，二维计算因为不能考虑点柱，与实际相差甚远，如图 2.27 所示。但是制作三维模型较昂贵，且费时较长。因此，采用平面应力模型，并假设点柱也类似大矿柱，沿走向呈条带分布，沿倾向小矿柱长 5m、大矿柱长 25m、矿柱间距达 20m。

依据 1:150 的剖面图，按页岩层、PH₁磷矿层、磷块岩、白云岩、PH₃磷矿层、磷块岩、白云岩的顺序依次装模。由于木架山矿体、岩体层理均发育，原型岩层厚度超过 3m 时，按 3m 进行分层装模。采用云母片模拟岩层层理。由于矿区主要是重力应力场，试验中仅考虑重力应力和位移边界条件，由模型架实施位移约束。PH₁磷矿层上覆模型岩层的垂直厚度为 33.5cm。

B　开挖与观测

由于要研究采空区处理引起地表岩移的状况，因此，按木架山的采矿顺序开挖形成采空区时，仅在开挖前观测一次地表变形，然后等下层采空区按实际分布全部形成、上层采空区按实际分布全部形成之后各观测一次地表变形。分别在装好模型架 5 天左右及对应的采空区形成后 5 天左右观测初始地表变形和采空区形成后的地表变形。

　　采用千分表观测，测点布置如图 2.34 所示。从右至左进行编号，编号顺序为 $F_1 \sim F_{19}$。各测点间的水平距离为 13.5cm。F_9 测点距下部大矿柱右边墙壁面的水平距离为 10cm。F_8 测点距下部大矿柱右边墙壁面的水平距离为 3.5cm。

　　在 PH_1 磷矿层开采形成的采空区中，从上向下逐步崩垮小矿柱，并观察顶板离层和塌落状况。如果小矿柱全部崩塌也未见顶板离层和塌落，再沿倾向 1~2cm 逐步崩垮上部大矿柱，直至出现顶板离层和塌落为止。最后一次性崩塌上部大矿柱的剩余部分。每次开挖后，过 5 天左右观测岩层变形。观测记录见表 2.12。

表 2.12　测点读数与下沉量计算

读数	初读数①	下层采空区形成后读数②	上层空区形成后读数③	采空区形成总下沉量③-①	崩部分大矿柱后读数⑤	崩成110m跨度下沉量⑤-③	崩完大矿柱读数⑥	采空区处理的下沉量⑥-③	空区形成与处理的总下沉量⑥-①
F_1	10.145	10.145	10.155	0.01	10.141	-0.014	11.47	+1.315	+1.325
F_2	10.35	10.33	10.33	-0.02	10.287	-0.043	9.342	-0.988	-1.008
F_3	10.80	10.582	10.582	-0.217	10.515	-0.067	1.068	-9.514	-9.732
F_4	10.41	10.385	10.382	-0.028	10.311	-0.073	-6.715	-17.097*	-17.125
F_5	11.41	11.385	11.385	-0.025	11.325	-0.06	0.185	-11.2	-11.225
F_6	8.98	8.96	8.952	-0.028	8.922	-0.032	5.88	-3.072	-3.1
F_7	10.285	10.245	10.239	-0.046	10.228	-0.013	10.15	-0.089	-0.135
F_8	11.07	11.069	11.07	0	11.068	-0.002	11.065	-0.005	-0.005
F_9	10.52	10.51	10.505	-0.015	10.522	+0.015	10.51	+0.005	-0.01
F_{10}	11.11	11.10	11.09	-0.02	11.12	+0.02	11.07	-0.02	-0.04
F_{11}	10.86	10.76	10.76	-0.10	10.79	+0.042	10.81	+0.05	-0.05
F_{12}	11.10	11.09	11.081	-0.019	11.12	+0.036	11.075	-0.006	-0.025
F_{13}	10.74	10.73	10.725	-0.015	10.754	+0.027	10.74	+0.015	0
F_{14}	10.479	10.47	10.462	-0.017	10.582	+0.12	10.598	+0.136	+0.119
F_{15}	9.75	9.74	9.735	-0.015	9.711	-0.024	9.65	-0.085	-0.1
F_{16}	11.265	11.265	11.260	-0.005	11.241	-0.019	11.187	-0.078	-0.078
F_{17}	9.82	9.82	9.822	0.002	9.825	+0.005	9.77	-0.052	-0.05
F_{18}	11.37	11.37	11.37	0	11.371	+0.001	11.37	0	0
F_{19}	8.06	8.06	8.06	0	8.06	0	8.025	-0.035	-0.035

　　注：上述为模型的测量值和计算值，单位为 mm；原型是模型的 150 倍；计算中，-表示下沉，+表示向上挤出；*值不准确，因为已经超出千分表 F_4 的量程。

采空区形成后，未出现地表滑坡和顶板垮塌，如图 2.34 和表 2.12 所示，也未见明显的岩移和局部变形、破坏，说明采空区形成未引起明显的应力集中，这与现场实际完全吻合。因此，在下凹薄覆岩下，借助二维平面相似模型，用沿走向呈条带分布的小矿柱模拟采空区中分布的点柱，用此替代三维相似模型是可行的。

PH_3 矿层的两个小矿柱崩倒，形成实际的上层采空区后，上层顶板跨度达 70m，上覆岩层产生了离层现象，明显可见的离层厚度达 3m，在 6m 高处有微离层现象，在 6m 以上的岩层中没有发现微离层现象。这说明当顶板跨度达到 70m 时，在短期内不会自然发生大规模顶板垮塌，但可能发生局部冒顶。

PH_1 矿层是实验的重点研究对象。从 PH_1 上部开始，崩倒第一个小矿柱后顶板跨度达到 45m，没发现任何岩层运动现象。接着崩垮第二个小矿柱。在第二个小矿柱崩塌后顶板跨度达到 70m，也没发现岩层的运动情况。在第三个小矿柱被崩垮后，顶板跨度达到 95m，此时在岩层中发现了离层现象，离层高度达 3m，但离层微小，3m 以上的岩层未见变化。这说明当顶板跨度达到 95m 时，在短期内也不会自然发生大规模顶板垮塌，但可能发生局部冒顶。

当上部大矿柱崩垮的斜长达 15m 时，上覆岩层有 3m 垮落，3m 之上还有 15m 厚的岩层发生离层，此时顶板跨度为 110m，如图 2.35 所示。这说明当顶板跨度达 110m 时，可引起顶板自然垮落，能实现采空区处理的目的，但不会出现上覆岩层全部垮塌。

图 2.35　顶板跨度达 110m 的模型

当上部大矿柱全部崩塌后，整个岩层全部垮塌。这时 F_4 测点超出了百分表的量程。岩层的垮落角在左边（深部）大约为 78°，在右边（浅部）大约为 65°，岩层垮落的位置距右边围岩的墙壁面为3m，距左边围岩的墙壁面为2m，如图2.36所示。

图2.36 采空区上部大矿柱和小矿柱全崩塌的模型

C 下沉分析与移动角计算[32,34,35]

根据表2.12作出下沉曲线。从图2.37可以看出：采空区形成后，未出现地表滑坡和顶板垮塌，也未见明显的岩体移动和局部变形与破坏，仅3号测点位移达到32.7mm，11号测点达到15mm，其他点都不超过5mm。显示出采空区形成未引起明显的应力集中，不会引起严重的地表沉陷事故，这与现场实际完全吻合。

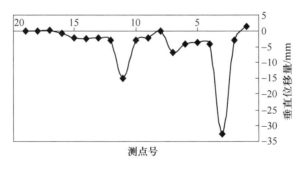

图2.37 采空区形成的原型位移

此外，可以看出两个大矿柱有效地遏制住了地表下沉，同时也表明覆岩中应力拱并没有很好形成，虽然目前覆岩比较稳定，但是如果开挖步距进一步扩大，或者小矿柱的抗压强度降低了，地表肯定会持续下沉。整个曲线图与2.2.4.3节中数值模拟的结果（图 2.31（f））有差异，最大值高出 6~7mm。虽然能看出有三个地方有大的下沉，但是几乎所有测点的移动量都明显高于数值模拟结果，其原因主要是养护时间太短，因而模型还没有完成固结，个别点可能还与测量误差有关。

崩垮 PH_3 矿层的两个小矿柱后上层顶板跨度达 70m，上覆岩层从直接顶到 6m 处离层逐步减弱，6m 以上未见离层现象。这与数值计算的结果较吻合，如图 2.38 所示。曲线图显示上层矿开挖引起的地表沉陷不明显，不会引起严重的地表沉陷。虽然开挖后覆岩跨度达到 70m，但是因为覆岩剖面呈三角形的层状，随着弯矩的增大，其抗弯模量也增大，所以其拉应力并没有大的变化。但是，开挖引起右边 PH_1 矿层覆岩在地表隆起，隆起最大值达到 15mm，一直延伸到模型的最右边，这较数值计算的影响范围与程度大。

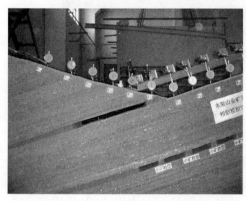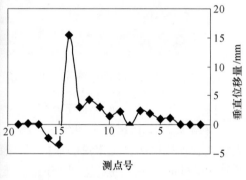

图 2.38 PH_3 矿柱开挖及开挖引起原型的地表位移

从根据表 2.12 绘制的位移曲线图 2.39 可以看出，三个小矿柱开挖，顶板跨度达 95m 引起的地表下沉不明显，但明显地引起了其左边覆岩翘起，这与数值模拟有明显差异。这说明覆岩呈层状时，地下开挖会对相当大范围内的覆岩产生影响，它以地表翘起的形式表现。如果地表为残迹土或强风化岩，则翘起应当不明显。

随着上部大矿柱的逐步崩垮，当顶板跨度为 110m 时，3m 厚的覆岩垮落，之上还有 15m 厚的岩层发生离层，离层的位置在跨度的两端，如图 2.40 所示。这说明当顶板跨度达 110m 时，含磷白云岩直接顶的拉应力达到抗拉强度，会引起自然垮落，但不会出现上覆岩层全部垮塌。由表 2.12 绘制的位移曲线图 2.40 可以看出，虽然顶板已经塌落下来了，但是并没有引起地表较大的沉陷。沉陷范围从最右端的 1 号测点一直延伸到大矿柱的上方，最大沉降量为 11.85mm，沉降曲线大致成对称分布，这与数值模拟结果非常一致。

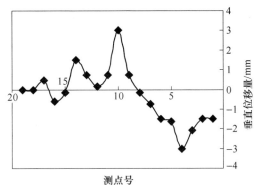

图 2.39 PH₁ 矿柱开挖及开挖引起 95m 跨度的原型地表位移

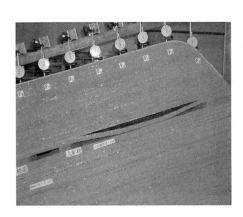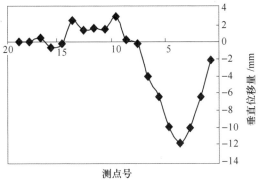

图 2.40 PH₁ 矿柱开挖及开挖引起 110m 跨度的原型地表位移

当上部大矿柱全部崩垮后,整个岩层全部垮塌,F_4 测点超出了百分表的量程。模型破坏形式如图 2.41 所示。由图 2.41 可以很明显地看出覆岩跨落后几乎充填了整个采空区,地表最大沉降位于 4 号测点附近,达到了 2.5m,而覆岩离层几乎一直贯穿到地表,整个覆岩明显分为跨落带、离层带及弯曲下沉带。这说明当覆岩跨度与采深之比约达到 3∶1 时,覆岩会完全跨落,岩层在跨度两端被折断,这时不会形成压力拱。明显可见离层只存在于跨度两端,中间部分为冒落压实带、开裂离层带和弯曲下沉带,只是由于覆岩较薄,裂隙离层带几乎贯穿地表,因而弯曲下沉带不很明显。这时岩层的垮落角在深部大约为 78°,在浅部大约为 65°。

由于木架山采空区已存在了一年多,矿柱崩塌前地表岩移早已稳定,故按崩垮上部大矿柱和小矿柱引起的移动量确定拐点来计算地下开挖引起的地表移动角

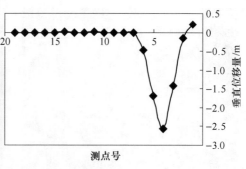

图 2.41 PH$_1$矿柱开挖及开挖引起 140m 跨度的原型地表位移

较按采空区形成与处理的总移动量确定拐点来计算移动角更直观、准确。根据 F$_9$、F$_8$测点至下部大矿柱右边墙壁面的水平距离，可计算出拐点至下部大矿柱右边墙壁面的模型水平距离为 13.5/2−3.5 = 3.25cm，而覆岩的模型厚度为 33.5cm，从而可以计算出地表移动角为：$a = \arctan(33.5/3.25) − 21° ≈ 84.4° − 21° = 63.4°$。其中 21°为采空区倾角。

D 相似模拟结果与讨论

（1）相似模拟试验得到完整顶板自然垮落的极限跨度为 110m。该极限跨度值介于三维 ANSYS 计算值（102m）与公式 $l = 1.25H[\sigma_c/(rH) + 0.0012k]^{0.6}$ 的计算值（$l = 121.4m$，$H = 33.5cm × 1.5m/cm = 50.25m$）之间。有限元计算值偏小，是由于数值计算只能根据拉应力分布和岩体抗拉强度实施破坏判断，无法考虑从变形至破裂、坍塌的动态过程，且本次数值模拟没有考虑层理的影响。公式 $l = 1.25H[\sigma_c/(rH) + 0.0012k]^{0.6}$ 的计算值偏大，可能也是由于公式无法考虑层理等结构特征的缘故。按照该极限跨度，根据 H. A. 屠尔昌宁诺夫等的结论"多裂隙岩体的顶板极限跨度约为无裂隙岩体的 0.6~0.7"[29,30]，北部岩体的极限跨度约为 66~77m，取 70m。

（2）应用 110m 的极限跨度可确保上贫矿自然冒落，白云岩顶板不会全部垮塌，这达到了采空区处理消除顶板冲击地压和从技术上预防非法开采的目的。处理之后地表岩体移动不明显。若全部崩塌上部大矿柱，顶板跨度达到 140m 时，会导致深部 78°、浅部 65°的垮落角，地表移动角达 63.4°。

（3）用条带矿柱取代采空区中分布的小矿柱（点柱）后，可以将三维相似模型简化成二维模型，并确保下凹地形下上覆薄层覆岩的应力、应变不失真。

（4）应用相似模型研究采空区处理方案，不仅直观、经济，而且可以充分考虑层理、断层等岩体结构特征，还可以考虑顶板破裂、垮塌的动态过程。

（5）采空区处理（崩塌上部大矿柱和小矿柱），不会引起深部待采矿体过度应力集中，有利于后续矿体的安全开采。采空区处理未引起待采矿体处发生任何肉眼可见的离层和塌落现象。由于木架山采空区已存在一年以上，按采空区处理的移动量（图2.40、图2.41、表2.12）确定拐点，计算地表移动角更切合采空区处理的实际。采空区处理后，除$F_1 \sim F_6$测点外，其他测点的原型岩体移动量最大不超过12.75mm，不会影响后续矿体的安全开采。大矿柱和上部的小矿柱都崩塌后，顶板跨度达到140m，地表急剧下沉，导致F_4测点超出了百分表的量程，这时F_4测点测出的下沉值不准确。

2.2.4.5 考虑层理单元的数值模拟与相似模拟比较研究[34,35]

A 有限元模型

李向阳根据实际地质资料，建立了8结点等参单元三维有限元模型。其垂直矿体走向长512m、高247.5m，沿走向长30m。沿走向方向将模型剖分为6层，单元总数为29964个，节点个数为36071。类似相似模拟的平面应力模型，仅在模型左、右、下三面上施加法向约束，不在前后面施加位移约束。研究的主要目的是考察PH_1矿层在崩塌上部3个小矿柱和大矿柱时直接顶板与上覆岩层的移动规律。因此只模拟了PH_1矿层中的覆岩层理，层理单元厚度取30cm。在PH_1与PH_3矿层之间布设7层层理单元，其余地方布设6层，层理单元层数编号从上至下依次为1、2、…、7[36,37]。143剖面采空区模型如图2.42所示。

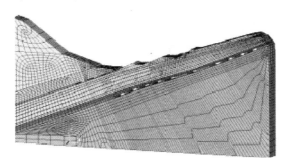

图2.42 考虑层理的143剖面三维模型

采用很薄的实体单元来模拟层理，如图2.43所示，当层理内的拉应力达到其极限抗拉强度，且层理上下表面的垂直沉降差超过1mm时，将单元杀死而模拟离层的产生[36,37]。

采空区处理时，与相似模拟类似，先崩塌PH_3矿层的两个小矿柱，然后从上到下依次崩垮PH_1矿层的3个小矿柱与上部大矿柱。为了做出每次开挖引起的地表移动曲线，在地表依次从最左边至PH_1矿体覆岩最右边，选取130个地表单元节点作为测点。

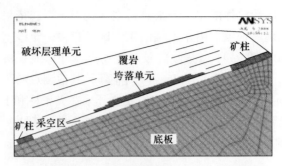

图 2.43　层理单元分布及极限跨度为 111.6m 时覆岩变形

B　考虑层理单元的数值模拟与相似模拟比较

a　相似模型合理性研究

原型为平面应变状态，而所做的相似模型为平面应力状态。为了证明相似模型合理与否，按有无沿走向的法向约束进行数值仿真比较。分别绘出两种状况下采空区形成时的位移云图，如图 2.44 所示。结果显示，平面应力状态的沉降范围较小，但是沉降量较大，这主要是因为平面应力模型无前后面约束的缘故。但这两种状态下的垂直沉降量最大值差别不超过 3%，这说明相似模拟采用 20cm 厚的平面应力模型是可行的，模型沿矿体走向的两边单元可以对中间单元施以限制。

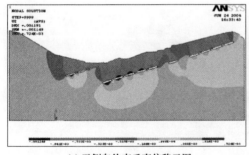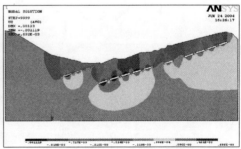

(a) 无侧向约束垂直位移云图　　　　　　　(b) 有侧向约束垂直位移云图

图 2.44　有无侧向约束垂直位移云图

b　顶板极限跨度的数值模拟与相似模拟比较

崩塌 PH_1 矿层的 3 个小矿柱后，顶板跨度达到 95m，这时数值模拟的覆岩应力及地表移动没有突然增大的趋势，顶板拉应力及矿柱压应力均小于岩体抗拉、抗压强度，直接顶板与覆岩都不会跨落。

大矿柱沿倾向斜长 25m，分 3 次崩落。当层理内拉应力大于 1MPa 时，岩层就会拉裂破坏。如果此时该处层理上下表面的垂直沉降差超过 1mm，就认为这里有离层产生。因为层理的厚度只有 30cm，其重力影响不大，且既不能受拉应力，又不能受压应力，这时可以采用将这些层理单元杀死的办法模拟离层的产生。

当直接顶的拉应力达到 3MPa 时，顶板会开裂、跨落，此后对覆岩也不会再有影响，因此，也将这些层理单元杀死。继续进行类似计算，直到大矿柱全部崩塌。当跨度达到 103.3m 时，在跨度正上方的第 4~6 层层理单元存在离层。这时直接顶板最大拉应力达到 2.67MPa，不会跨落。

当跨度为 111.6m 时，离层扩展到第 2 层层理单元，并转移到跨度两边，直接顶板跨落。层理单元与跨落单元如图 2.43 所示。此时，非法采矿的通道已经被封堵，而且没有发生覆岩整体跨落，只是在跨度两端有离层发生。覆岩由跨度两端向中间依次分为支撑区、离层区与压实区。可见，顶板极限跨度为 111.6m，这个结果跟相似模拟的极限跨度 110.0m 相差不大，而且地表移动、覆岩变形、直接顶板跨落的状态也极为相似。

继续崩倒余下的大矿柱，覆岩跨度达到 140m 的应力状态如图 2.45 所示。跨度为 95m、103.3m、111.6m、140m 的地表垂直位移分别为图 2.46 中从上到下对应的曲线，水平位移则分别如图 2.46 中从上到下第 3、第 4、第 2、第 1 条曲线所示。

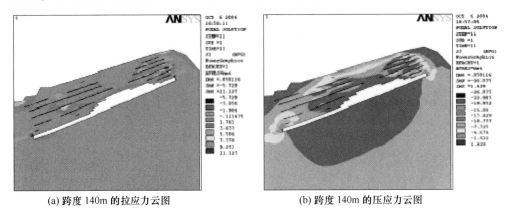

(a) 跨度 140m 的拉应力云图　　(b) 跨度 140m 的压应力云图

图 2.45　跨度 140m 的应力云图

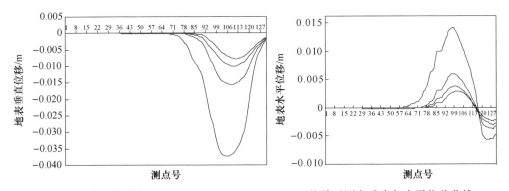

图 2.46　跨度分别为 95m、103.3m、111.6m、140m 的单元测点垂直与水平位移曲线

可见，只要把层理单元划分得足够薄，ANSYS 模拟顶板极限跨度的精度是有保证的。考虑层理单元时，ANSYS 模拟的顶板极限跨度 111.6m 与相似模拟的结果 110m 相差不超过 1.5%。

c 顶板极限跨度数值模拟的合理性分析

为了便于与相似模拟结果进行比较，PH_1 矿柱崩塌时地表及层理移动曲线都以 PH_3 两个小矿柱崩落的位移为初值。111.6m 跨度时层理 3 上下表面的水平与垂直位移曲线如图 2.47 所示。从图 2.47 中可以看出，在跨度两端，层理上下表面的水平位移差值很大，岩层明显属于剪切破坏。

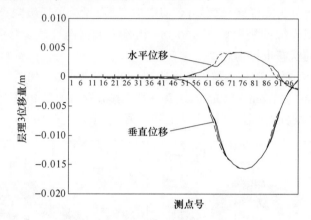

图 2.47　跨度 111.6m 时层理 3 的位移曲线
虚线—下表面位移；实线—上表面位移

因为数值模拟不能模拟离层在重力作用下的大位移破坏及覆岩垮落的动态全过程，这些后续过程的模拟需要借助相似模拟来完成。基于数值仿真只能根据拉应力分布和岩体抗拉强度实施破坏判断，无法考虑从变形至破裂、坍塌的动态过程，顶板极限跨度应以相似模拟的研究结果为准。

总之，只要把层理单元划分得足够薄，ANSYS 模拟顶板极限跨度的精度也是有保证的，与相似模拟的结果相比误差不超过 1.5%，但是基于数值仿真无法考虑从变形至破裂、坍塌的动态过程，顶板极限跨度仍应以相似模拟的结果 110m 为准；采用一定厚度的平面应力模型相似模拟顶板极限跨度和垮落角、移动角是合理的。一定厚度的模型相当于沿走向（模型厚度方向）给平面应力模型施加了一定的位移约束。

2.2.4.6　施工效果评价

A　研究结论

理论计算、数值仿真和相似模拟综合研究表明：顶板极限跨度为 110m，顶板极限悬臂跨度 77m, 切槽放顶炮孔垂直顶板的深度 8.0~11m、折算成铅垂深度为 9~12m, 深部和浅部垮落角分别为 78°与 65°, 地表移动角达 63.4°; 按上述极限跨度和切槽放顶深度, 可以确保磷块岩直接顶板及时自然坍塌, 尽管白云岩顶板不会全部垮塌, 也达到了消除顶板冲击地压和从技术上预防非法开采的目的; 采空区处理有利后续安全开采。

计算模型选择的正确与否决定了计算结果的正确与否; 岩体力学参数的变化仅影响数值模拟结果的精度。从变形至破裂、坍塌的动态过程需要借助相似模拟来实现, 因此, 相似模拟的结果相对更可靠。

B 施工注意事项及效果观测评价

作业范围的走向长 1200m。顶板崩落带对应的地面为 PH_3 露采底板荒坡, 无重要建构筑物, 允许崩落和沉陷。每次作业单元走向长 50~80m, 作业单元内约有 30~50 个矿柱。每次爆破装药基本不超过 2t。爆破采用非电导爆管微差控制爆破。为了保证爆破安全、可靠, 采用复式串并联网路, 一次性大区微差爆破崩塌起爆范围内的矿柱或切断顶板。

凿岩、装药、起爆在技术人员的指导下严格按照《矿山安全生产规程》和研究的方案执行。凿岩、装药过程中要加强行人线路及作业面的照明及顶板管理。爆破网路连接时, 撤出坑内所有与联线无关人员, 由里向外逐一清查、撤出设备、仪器。爆破指挥人员在得知地面、井下警戒确实完备, 网络连接无问题后, 方可下达点火指令。爆破后至少间隔一夜, 方可由技术负责人带领少量技术人员、安全人员进入坑内检查爆破效果。

特别强调: (1) 所有炮孔参数必须能满足一次性爆破崩倒作业单元内矿柱, 并形成顶板切割槽的要求; (2) 从爆破网络的终端, 由里向外回收矿柱, 并布置崩落炮孔; (3) 雷管传爆导爆管回路时, 所有雷管端部 (聚能穴) 禁止朝向导爆管的传爆方向连接, 一般应用连接块或电工胶布联结; (4) 加强声发射监测、敲帮问顶或临时支护, 确保凿岩爆破的作业安全; (5) 采用远距离点火, 确保人员安全撤离。

现场切顶与矿柱崩落实践表明: 在 W138~W139~W140 线间大断裂结构面附近直接全面崩塌 77m 跨度内的矿柱, 在 W142 线附近切断顶板并崩垮 77m 范围内的矿柱, 都能引起顶板多发局部自然冒落; 在 W143 线部分回采大矿柱后, 直接全面崩垮开采大矿柱后留下的小矿柱及其上部的小矿柱, 使跨度达到 110m 能引起顶板多发局部自然冒落; 在北部 W148~W150 线, 沿采空区倾斜向上回采未采的矿体, 然后全面崩塌留下的矿柱, 使顶板跨度不小于 70m, 能引起顶板多发局部自然冒落。

相似模拟试验确定的垮落角、地表移动角较准确。如果崩塌矿柱造成的顶板极限跨度达到 110m 左右或悬臂极限跨度达到 77m 左右, 地表将发生下沉, 下沉量约达 30cm。考虑层理单元的数值模拟值比较接近施工实际，不考虑层理影响的数值模拟位移值、移动角都相差较大。相似模拟试验在顶板垮落后，F_4 测点超出量程，这时测出的下沉值 2.5m 是不准确的。

采空区处理不会引起后续待采矿体部位过度应力集中，有利于后续矿体的安全开采，只是在崩塌矿柱的对应地表发生了局部破断或下沉。由于坍塌的覆岩松散后充满了采空区，地表下沉盆地不是很明显。根据数值模拟确定的崩顶极限跨度和崩顶悬臂极限跨度一般误差不超过 ±8%，如果考虑较薄的层理单元误差不超过 2%。根据数值模拟和爆炸理论确定的切顶深度，能成功切断完整顶板。

在采空区处理过程中，成功回收磷矿石 5.5 万吨，带来直接经济效益 950 万元。相比地表剥离搬运采空区上方的薄覆盖岩体，节约采空区处理费用 6562.5 万元。总之，实施切顶与矿柱崩落，消除了湖北某化工集团公司大峪口矿段采空区的冲击地压隐患，也从技术上成功堵塞了非法开采通道，带来直接经济效益共计 7062.5 万元。

2.3　本章小结

多个企业的切槽放顶采空区处理与卸压开采研究及实践表明，切槽放顶法及在其基础上发展的切顶与矿柱崩落法，都可引起后续待采作业面的应力向切槽放顶部位或处理过的采空区转移，有利于实现卸压开采并消除顶板冲击地压，总之，都能引起围岩应力集中向有利于安全生产的方向重分布；能方便地借助本章推导的理论公式设计切槽放顶位置、切槽放顶深度及切槽放顶宽度，也可以借助相似模拟、数值模拟或现场应力、位移观测确定切槽放顶位置，实现了采空区处理与卸压开采的定量设计与施工。

参 考 文 献

[1] 伍法权. 统计岩体力学原理 [M]. 武汉：中国地质大学出版社，1993.

[2] 叶金汉. 岩石力学参数手册 [M]. 北京：水利电力出版社，1991.

[3] 李俊平，张振祥，于文远，武宏岐. 爆破技术在岩土安全中的应用 [J]. 中国钼业，2001，25 (3)：14-16.

[4] 李俊平，冯长根，周创兵，等. 控制爆破局部切槽放顶技术的基本参数研究 [J]. 岩石力学与工程学报，2004，23 (4)：650-656.

[5] 李俊平，周创兵，冯长根. 缓倾斜采空区处理的理论与实践 [M]. 哈尔滨：黑龙江教育出版社，2005.

[6] 贺红亮. 冲击波极端条件下脆性介质的力学响应特性及其细观结构破坏特征 [D]. 成都：中国工程物理研究院，1997.

[7] 孙业斌. 爆炸作用与装药设计 [M]. 北京：国防工业出版社，1985.

[8] Starfield A M, Pugliese J M. Compression Waves Generated in Rock by Cylindrical Explosive Charges：A Comparision between a Computer and Field Measurements [J]. International Journal of Rock Mechanics and Mining Sciences, 1968, 5 (5)：65-77.

[9] 卢文波，朱传云，赖世骧. 条形药包的空腔发展过程模拟 [J]. 爆炸与冲击，1996, 16 (2)：171-177.

[10] 郑怀昌，宋存义，胡龙，等. 采空区顶板大面积冒落诱发冲击气浪模拟 [J]. 北京科技大学学报，2010, 32 (3)：277-281, 305.

[11] 宋选民，连清旺，邢平伟，等. 采空区顶板大面积垮落的空气冲击灾害研究 [J]. 煤炭科学技术，2009, 37 (4)：1-4, 81.

[12] 陈庆凯，任凤玉，李清望，等. 采空区顶板冒落防治技术措施的研究 [J]. 金属矿山，2002, 总316 (10)：7-9.

[13] 顾铁凤. 采场飓风冲击灾害分析 [J]. 辽宁工程技术大学学报，2007, 26 (1)：11-14.

[14] 严国超，息金波，宋选民，等. 采场冲击气浪的灾害模拟 [J]. 辽宁工程技术大学学报（自然科学版），2009, 28 (2)：177-180.

[15] 王飞，王伟策，王耀华，等. 挡波墙对空气冲击波的削波作用研究 [J]. 爆破器材，2004, 33 (1)：1-5.

[16] 石平五. 基本顶破断失稳在急斜煤层放顶煤开采中的作用 [J]. 辽宁工程技术大学学报，2006, 25 (3)：325-326.

[17] 萨文科 C K，古林 A A，马雷 Π C. 井下空气冲击波 [M]. 龙维祺，于亚伦，译. 北京：冶金工业出版社，1979：10-11, 95-97.

[18] 杨重工. 平巷挑顶封闭空区 [J]. 化工矿物与加工，1999 (4)：22-25.

[19] 李俊平，陈慧明. 灵宝县豫灵镇万米平硐岩爆控制试验 [J]. 科技导报，2009, 28 (18)：57-59.

[20] 李俊平，玉国进. 九女磷矿地压监测与空场处理 [J]. 岩土力学，1993, 14 (2)：36-40.

[21] Li Junping, Zhou Chuangbing, Feng Changgen. ANSYS Analysis of Roof Mechanical Character When Local Cutting Roof with Controlled Explosion [C] //2004' International Symposium on Safety Science and Technology (2004ISSST, Shanghai). 2004：2722-2725.

[22] 李俊平，周创兵，孔建. 论渗流对采空场处理的影响 [J]. 岩土力学，2005, 26 (1)：22-26.

[23] Li Junping, Zhou Chuangbing, Kong Jian. Numerical Analysis and Acoustic Emission Evaluation of Roof Mechanical Character —When Disisposing Abandoned Stope by Locally Cutting [C] // 2004' International Symposium on Safety Science and Technology (2004ISSST, Shanghai). 2004：271-277.

[24] Li Junping, Feng Changgen. Application of the Technique of Local Grooving Top-caving with Controlled Explosion in Disposing the Abandoned-Stope of Dongtongyu Gold Mine [C] // 2006' International Symposium on Safety Science and Technology (2006ISSST, Changsha).

2006：2169-2174（2004ISSST，Shanghai）．2004：271-277．

[25] 李俊平，周创兵，冯长根．缓倾斜采空区处理的理论与实践 [J]．科技导报，2009，27（13）：71-77．

[26] Li Junping, Zhou Chuangbing, Feng Changgen. On the Theory and Practice of Dealing with Gradually Slanting Forsaken Stope [C] //2010' International Symposium on Safety Science and Technology（2010ISSST，Hangzhou）．2010：2450-2460．

[27] 李俊平，卢连宁，于会军．切槽放顶法在沿空留巷地压控制中的应用 [J]．科技导报，2007，25（20）：43-47．

[28] 李俊平．缓倾斜采空场处理新方法及采场地压控制研究 [D]．北京：北京理工大学，2003．

[29] 李俊平，彭作为，周创兵，等．木架山采空区处理方案研究 [J]．岩石力学与工程学报，2004，23（22）：3884-3890．

[30] 李俊平．缓倾斜采空场处理方法及水力耦合下岩石的声发射特征研究 [D]．武汉：武汉大学，2005．

[31] 李俊平，周创兵，孔建，等．矿柱崩落法处理采空区的数值模拟 [J]．矿冶，2004，13（4）：8-12．

[32] 李俊平，周创兵，李向阳．下凹地形下采空区处理方案的相似模拟研究 [J]．岩石力学与工程学报，2005，24（4）：581-586．

[33] 张建全，闫保金，廖国华．采动覆岩移动规律的相似模拟实验研究 [J]．金属矿山，2002（8）：10-13．

[34] 李向阳，李俊平，周创兵，等．采空场覆岩变形数值模拟与相似模拟比较研究 [J]．岩土力学，2005，26（12）：1907-1912．

[35] 李向阳．采空场覆岩变形特性研究 [D]．武汉：武汉大学，2004．

[36] 谢兴华．薄层单元在覆岩离层模拟中的应用 [J]．矿业研究与开发，2002，22（3）：14-16．

[37] 苏仲杰，于广明，杨伦．覆岩离层变形力学机理数值模拟研究 [J]．岩石力学与工程学报，2003，22（8）：1287-1290．

3 深埋井巷的钻孔爆破卸压

大规模的深部开采（挖）已成为国内外采矿、采煤工业发展的必然趋势，但同时会导致高地压，诱发岩爆、大变形破坏或分区破裂化效应等地压显现。近年来，水电、隧道、采矿工程等常发生因深部开采（挖）导致的岩爆灾害。有关学者借助静态数值模拟提出的钻孔爆破卸压参数要么不准确，要么不明确，加大了钻孔爆破卸压的施工难度，也不能确保钻孔爆破的卸压效果。

李俊平在其概述的支承压力理论（地下空间周边的支承压力分布是理论核心，钻孔或钻孔爆破引起支承压力降低或向深部转移是应用基础，钻孔、切槽或钻孔爆破形成孔间基本贯通的弱化带或大、小断面巷道处在支承压力带内是应用前提）的指导下，借助 FLAC^{3D} 动态数值模拟及现场试验，探索了钻孔爆破卸压的科学问题，订正了钻孔爆破卸压参数等核心技术参数，安全、高效掘进了小秦岭某万米平硐工程、文峪金矿和陈耳金矿的埋深超 1500m 的盲竖井工程，杜绝了频发的岩爆灾害。

3.1 钻孔爆破卸压机理的静态模拟研究

在诸多岩爆机理研究的基础上，人们加深了对岩爆的认识，并据此提出了许多岩爆防治措施。大体分三种岩爆防治方式[1~3]：（1）优化采矿方法或改变开采顺序。这是为了降低围岩应力集中系数，主要包括优化巷道及采场形状、布置永久矿柱、嗣后充填或改变开采顺序等。（2）人工支护。这是为了提高围岩强度以降低岩爆发生的可能性，主要包括随机或系统锚杆、锚索喷射混凝土或钢纤维混凝土、钢拱架与混凝土衬砌、柔性材料支护、小断面成巷等。（3）地压预处理。即在施工中对局部应力集中区域采取手段，以降低或向深部转移支承压力峰值，这包括注水软化、爆破弱化、切槽卸压、钻孔爆破卸压等。在实际应用过程中，若发现岩爆灾害非常严重，一般在工程设计阶段或施工阶段首先采用优化采矿方法或改变开采顺序，若岩爆控制效果还不明显，通常再采用地压预处理措施。人工支护或预测预报都属于被动防治手段，防治局部应力集中导致的岩爆灾害的效果不佳。钻孔爆破卸压被认为是目前最为灵活、实用的卸压方法之一[1,3~6]。

大量调查发现，秦岭地区地下工程埋深超过 700m，在灰白色大理岩、灰岩、花岗岩中开采（挖），就会发生岩爆[7,8]。下面以秦岭地区的灰岩为例，应用

FLAC^{3D}静态模拟巷道掘进中巷帮钻孔卸压的钻孔间距、钻孔深度及孔底有无装药爆破的卸压效果[6]。

3.1.1 模型建立

采用三维模型（图 3.1），使用显式有限差分程序 FLAC^{3D} 建立连续介质模型。假设模型以经过巷道中心点的垂直平面为对称面，巷道形状为半圆直墙拱形，取 1/2 巷道模型，保留的 1/2 巷道宽度为 1.5m，墙高为 2.0m。模型 x 方向长 17m，z 方向长 12m，y 方向高 33m。在直墙拱腰部位沿巷道走向布置一排钻孔，孔径为 100mm。

分别模拟覆岩厚度 500m、1000m、1500m 三个模型，深度不够的部分借助在模型上表面（自由边界）加垂直向下的均布荷载（自重应力）来实现，另外，除开挖出的巷道表面为自由边界外，模型其他表面均采用法向位移约束。

按文献［9］或文献［10］取平均值得到秦岭地区灰岩的物理力学参数，再按文献［11］取其完整性系数 0.71 修正得到数值模拟所需岩体力学参数，见表3.1。1500m 埋深时的支承压力分布如图 3.2 所示。

表 3.1 灰岩物理力学参数

介 质	容重 γ /kN·m^{-3}	弹模 E/GPa	泊松比 μ	抗压强度 σ_b/MPa	抗拉强度 σ_c/MPa	凝聚力 C/MPa	内摩擦角 f/(°)
结晶灰岩	26.46	43.69	0.20	86.22	6.29	11.55	34.50

图 3.1 巷道开挖后模型

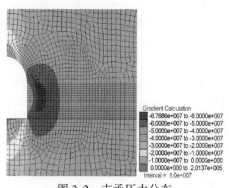

图 3.2 支承压力分布

3.1.2 巷帮钻孔间距研究

巷道开挖后，支承压力区约在离巷帮 3.0m 左右的范围之内，如图 3.2、图 3.3 所示。假设钻孔深 4.0m，按三种覆岩厚度，分别模拟钻孔间距为 0.5m、1.0m、2.0m、3.0m、4.0m、5.0m、6.0m、7.0m、8.0m、9.0m 等 10 个方案，部分结果如图 3.4 所示。

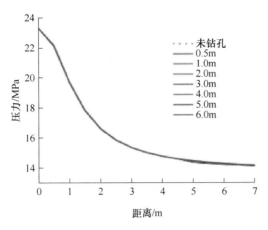

图 3.3   500m 埋深时 0.5~6.0m 钻孔间距的支承压力分布

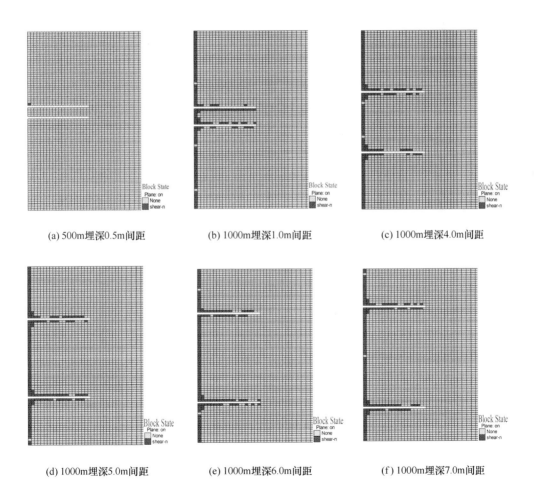

(a) 500m埋深0.5m间距   (b) 1000m埋深1.0m间距   (c) 1000m埋深4.0m间距

(d) 1000m埋深5.0m间距   (e) 1000m埋深6.0m间距   (f) 1000m埋深7.0m间距

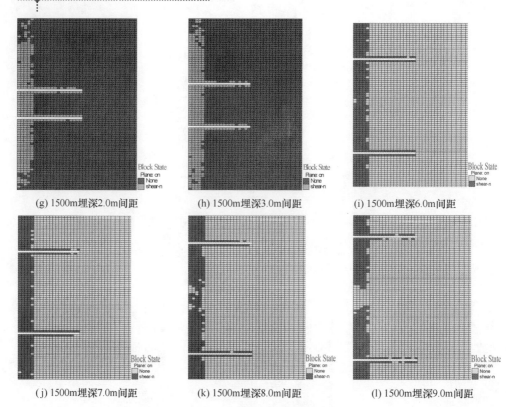

(g) 1500m埋深2.0m间距　　　(h) 1500m埋深3.0m间距　　　(i) 1500m埋深6.0m间距

(j) 1500m埋深7.0m间距　　　(k) 1500m埋深8.0m间距　　　(l) 1500m埋深9.0m间距

图 3.4　不同钻孔间距的塑性区分布

　　覆岩厚度 500m 时地压较小，无论何种间距钻孔，支承压力都无变化（图 3.3），支承压力不足以压裂灰岩钻孔间围岩形成塑性区（图 3.4（a）），巷道周边处于弹性状态，支承压力峰值就处在巷道墙面（图 3.3），因此，无论何种间距钻孔都不会起到卸压作用。秦岭地区埋深小于 700m 时不会发生岩爆，实际也无须钻孔爆破卸压[6,7]。

　　覆岩厚度 1000m 时，钻孔间形成稳定贯通塑性区的钻孔间距约为 5.0~6.0m（图 3.4（b）~（f））；覆岩厚度 1500m 时，钻孔间形成贯通塑性区的钻孔间距可达 8.0m（图 3.4（g）~（l））。依据"确保钻孔之间因受压而形成基本贯通的弱化带是实现钻孔卸压的前提"[12,13]，1000m 覆岩时 100mm 直径钻孔卸压的钻孔间距约为 5.0~6.0m，1500m 时可达 8.0m。这也说明，随着埋深加大，地压越大，钻孔间塑性区贯通得越好，钻孔卸压的钻孔间距可适当增大；埋深过小时，钻孔在支承压力作用下很难形成贯通塑性区，也无须卸压。

3.1.3　巷帮钻孔深度研究

　　在 1500m 覆岩厚度下，用 100mm 直径钻孔卸压，孔底不装药爆破。为了确保钻孔间塑性区静态贯通，选择7.0m钻孔间距，分别模拟钻孔深度为0.5m、1.0m、2.0m、3.0m、4.0m、5.0m的卸压效果。部分结果如图3.5、图3.6所示。

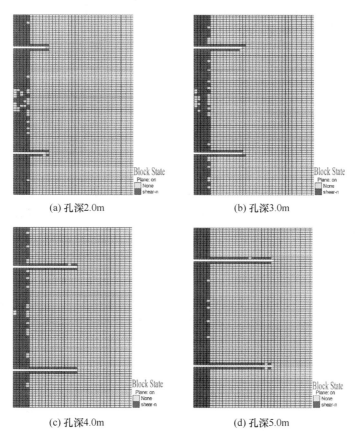

(a) 孔深2.0m (b) 孔深3.0m

(c) 孔深4.0m (d) 孔深5.0m

图3.5 不同钻孔深度的塑性区分布

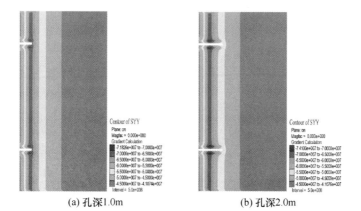

(a) 孔深1.0m (b) 孔深2.0m

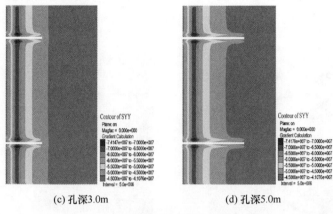

(c) 孔深3.0m　　　　　　　　　(d) 孔深5.0m

图 3.6　不同钻孔深度的支承压力分布

从图 3.5 可见，随着钻孔深度增加到接近或超过支承压力区最大宽度所处的深度 3.0m，塑性区的贯通性越来越好。从图 3.6 可见，钻孔深度超过支承压力峰值所处的深度 1.0m 时，支承压力峰值向岩体深部有微弱转移的趋势；钻孔深度 0.5m、1.0m、2.0m、3.0m、4.0m、5.0m 对应的支承压力峰值分别为 67.88MPa、71.83MPa、74.10MPa、74.15MPa、74.16MPa、74.18MPa。可见，随着钻孔深度的增加，支承压力峰值降低的效果不明显。因此，仅用钻孔卸压，孔底不装药爆破时，钻孔卸压效果不明显。

3.1.4　钻孔并孔底少量装药的卸压效果静态模拟

在 1500m 覆岩厚度下，用 100mm 直径钻孔并孔底少量装药爆破。根据爆破裂纹扩展损伤后岩体强度降低的等效原理，参考有关文献 [14，15]，将以孔底为圆心、10 倍钻孔直径为半径的球内参数折减为 1/4，静态模拟钻孔及孔底爆破卸压。钻孔间距取 7.0m，钻孔深度分别取 0.5m、0.7m、1.0m、1.2m、1.5m、1.8m、2.0m、3.0m、4.0m，计算结果如图 3.7 所示。

从图 3.7 可见，钻孔并孔底爆破，当钻孔深度小于等于支承压力峰值所处的深度 1.0m 时，支承压力峰值明显增大但向岩体深部明显转移，其中钻孔深度等于峰值所处深度时支承压力峰值增大最多；当钻孔深度大于支承压力峰值所处的深度但小于支承压力区最大宽度所处的深度 3.0m 时，支承压力峰值微弱增大但向岩体深部明显转移；当钻孔深度接近或超过支承压力区最大宽度所处的深度 3.0m 时，支承压力峰值变化和向岩体深部转移都不明显。因此，钻孔爆破卸压的钻孔深度并不是越深越好。建议孔底爆破卸压的钻孔深度大于支承压力峰值所处的深度但不超过支承压力区最大宽度所处的深度。

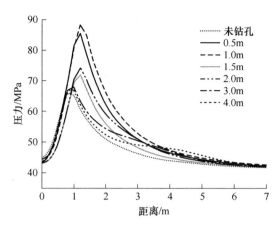

图 3.7　不同钻孔深度的支承压力变化

3.1.5　静态模拟小结

高地压是导致冲击地压、大变形、分区破裂化的根源。钻孔爆破卸压是释放或转移高地压的治本之策。采用 FLAC^{3D} 静态仿真有岩爆倾向岩石钻孔爆破卸压的应力及塑性区分布，探讨了钻孔间距、钻孔深度和有、无孔底爆破的卸压效果，得到如下结论：

（1）埋深越深、地压越大，巷帮钻孔卸压的钻孔间距也将越大。小秦岭地区埋深小于 700m 时不会发生岩爆，不必钻孔爆破卸压；埋深为 1000m 时 100mm 孔径卸压的钻孔间距为 5.0~6.0m，埋深为 1500m 时钻孔间距可达 8.0m。小直径钻孔卸压的间距可近似按大直径的比例折减。

（2）巷帮钻孔爆破卸压的钻孔深度并不是越深越好。孔底爆破卸压的钻孔深度大于支承压力峰值所处的位置但不超过支承压力区最大宽度所处的位置时，支承压力峰值的卸压和移压效果较好。

（3）仅钻孔而孔底不装药爆破，巷帮钻孔卸压的钻孔深度超过其支承压力峰值所处的位置时，只能引起支承压力峰值向岩体深部微弱转移，但支承压力峰值变化不明显。

（4）熊祖强[14]应用静态模拟，也得到了巷道端面钻孔爆破卸压的类似结论，他还认为"超深钻孔深度是巷道掘进进尺的 3 倍时卸压效果最好"。

由于静态模拟只能借助等效尺度范围内岩体参数的折减来模拟钻孔爆破卸压效果，因此，得出的巷帮钻孔深度、钻孔间距、孔底装药量都不明确，掘进端面超深钻孔的深度可能也不准确，其他学者[16]得出的超深或振动钻孔的布置方式都有待商榷。下面借助 FLAC^{3D} 动态模拟钻孔爆破的卸压效果。

3.2　钻孔爆破卸压机理的动态模拟研究

模拟爆炸过程常用的动力数值计算程序有 ANSYS/LS-DYNA，AUTODYN 等。需指出，采用数值计算方法直接实现爆破卸压全过程的研究，目前还未见有报道。主要有两方面原因：计算稳定性和求解时间。由于研究爆破卸压问题需要关注爆炸后相对较大范围的围岩应力状态，而采用动力数值计算程序，较大的模型可能导致计算不稳定，甚至无法收敛。同时，由于爆炸模拟对网格要求较高，大尺寸的模型常导致其物理计算时间达到天文数字。采矿工程力学分析常用的有限差分程序可模拟较大范围的岩土体在爆炸作用下的完全非线性响应，但其爆炸荷载需由经验公式、动力分析程序或实测数据提供。鉴于此，将 ANSYS/LS-DYNA、FLAC³ᴰ 两程序优势互补以实现爆破卸压全过程的动态模拟，不失为一种积极尝试。

下面以秦岭地区的灰岩为例，首先引入显式非线性动力分析有限元程序 ANSYS/LS-DYNA 模拟炸药爆炸过程，并在粉碎区边界获取爆炸荷载压力时程曲线。其次，采用快速拉格朗日有限差分程序 FLAC³ᴰ 中建立带有钻孔的巷道模型，静力模拟巷道端面、帮墙周边的应力状态。最后，在此静力模拟应力状态基础上，将获取的爆炸荷载压力时程曲线施加到巷道模型的等效粉碎区边界上，动态模拟并分析硬岩巷道端面、帮墙在不同钻孔深度、装药量及钻孔间距下的钻孔爆破卸压效果[17,18]。

3.2.1　爆炸计算模型与验算

3.2.1.1　ANSYS/LS-DYNA 爆炸计算模型及验算

A　物理模型

现场测试表明，爆源近区在爆炸冲击波和爆生气体压力作用下，岩石的应变率效应非常显著[19]。ANSYS/LS-DYNA 中非线性塑性材料模型 *MAT_PLASTIC_KINEMATIC[20] 适用于包含应变率效应的各向同性塑性随动强化材料，文献[21]已验证了其在岩体爆炸分析中的可靠性。本次 ANSYS/LS-DYNA 爆炸计算采用该模型描述爆炸作用下岩体的力学行为，其屈服准则[20]为：

$$\begin{cases} \sigma_Y = \left[1 + \left(\dfrac{\dot{\varepsilon}}{C}\right)^{\frac{1}{P}}\right](\sigma_0 + \beta E_P \varepsilon_p^{\text{eff}}) \\ E_P = \dfrac{E_{\text{tan}} E}{E - E_{\text{tan}}} \end{cases} \tag{3.1}$$

式中，σ_Y 为动态极限屈服应力，Pa；$\dot{\varepsilon}$ 为加载应变率，s⁻¹；C、P 分别为 Cowper

和 Symonds 提出的材料应变率参数，依据文献 [21]，取 C 为 $2.5s^{-1}$，P 为 4.0；σ_0 为初始屈服强度，Pa；β 为硬化参数，用于控制随动、各向同性或随动与各向同性共同作用的硬化方式，$0 \leq \beta \leq 1$；E_P 为塑性硬化模量，Pa；E 为弹性模量，Pa；E_{tan} 为切线模量，Pa；ε_p^{eff} 为有效塑性应变。

炸药爆炸后，靠近炮孔的岩石加载应变率一般为 $10^0 \sim 10^5 s^{-1}$，因此，需要考虑与应变率相关的岩石抗压强度和抗拉强度。根据文献 [21]，岩石动态抗压和抗拉强度可由以下两式进行估算：

$$\sigma_{cd} = \sigma_c \dot{\varepsilon}^{1/3} \tag{3.2}$$

$$\sigma_{td} = \sigma_t \dot{\varepsilon}^{1/3} \tag{3.3}$$

式中，σ_{cd}、σ_{td} 分别为岩石动态抗压强度和抗拉强度，Pa；σ_c、σ_t 分别为岩石静态抗压强度和抗拉强度，Pa。

根据以上分析，先按文献 [9，10] 取平均值得到灰岩岩石的物理力学参数，再按照文献 [11] 取其完整性系数 0.71 修正得到静态计算的灰岩岩体的物理力学参数，最后折算[21] 得到动态计算的灰岩岩体物理力学参数：屈服应力 σ_Y 为 57.48MPa，切线模量 E_{tan} 为 25.44GPa，其他见表 3.1。

采用高能炸药爆炸模型 *MAT_HIGH_EXPLOSIVE_BURN[20] 与描述爆生气体压力-体积关系的 Jones-Wilkins-Lee（JWL）状态方程 *EOS_JWL[20] 模拟本次使用的 2 号岩石乳化油炸药。炸药爆炸后产生高压气体作用于周围介质，任意时刻爆炸单元的压力[20] 为：

$$\begin{cases} p = F p_{eos}(V, E_0) \\ F = \begin{cases} \dfrac{2(t-t_1)DA_{emax}}{3v_e} & (t > t_1) \\ 0 & (t \leq t_1) \end{cases} \\ p_{eos} = A\left(1 - \dfrac{\omega}{R_1 V}\right)e^{-R_1 V} + B\left(1 - \dfrac{\omega}{R_2 V}\right)e^{-R_2 V} + \dfrac{\omega E_0}{V} \end{cases} \tag{3.4}$$

式中，p 为爆炸压力，Pa；F 为燃烧率；D 为爆速，m/s；A_{emax} 为炸药单元最大横截面积；v_e 为炸药单元体积；p_{eos} 为 JWL 状态方程定义的压力，Pa；V 为相对体积；E_0 为单位体积比内能，Pa；A、B、R_1、R_2、ω 为材料常数。

炸药及 JWL 状态方程参数取值如下[22]：密度为 $1240kg/m^3$，爆速为 3200m/s，爆轰压力为 3.174GPa，$A = 214.4GPa$，$B = 0.182GPa$，$R_1 = 4.2$，$R_2 = 0.9$，$\omega = 0.15$，单位体积内能 $E_0 = 4.192GPa$，初始相对体积 $V = 1.0$。

B 几何模型

ANSYS/LS-DYNA 爆炸计算模型如图 3.8 所示。根据结构对称性，取 1/4 圆柱体；其中高和半径取 6.0m，炮孔直径取 100mm，炮孔深度取 2.0m。

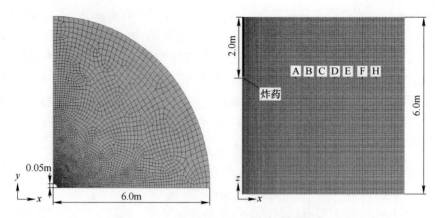

图 3.8　ANSYS/LS-DYNA 爆炸计算模型

本次爆炸计算假设在封口良好的状态下进行，分别使用黄泥（＊MAT_SOIL_AND_FOAM 模型描述[22]）与上述描述的岩石作为封口材料进行同等药量下的爆炸对比计算。结果显示，粉碎区边界的平均压力值分别为 81.0MPa 和 84.8MPa，其差异基本可以忽略。为了简化计算，本次选择上述描述的岩体作为封口材料。

模型上表面取自由边界；切割圆柱体的两切割边界采用法向位移约束；圆柱体底面和圆周面取无反射边界[23]。

爆炸反应时间极短，一般在几毫秒到几十毫秒内完成[24]。通过试算确定，求解时间取 2ms，即可在粉碎区边界获得完整的爆炸压力时程曲线。

C　ANSYS/LS-DYNA 爆炸计算的验算

不考虑重力作用，在 ANSYS/LS-DYNA 中模拟 0.5kg 炸药在岩体中的爆炸过程。图 3.9 所示为爆炸后粉碎区范围和应力波分布。从图 3.9 中可知，爆炸后获得了一个以炸药为中心的半径为 0.17m、高为 0.11m 的近似 1/4 圆柱体空腔，即

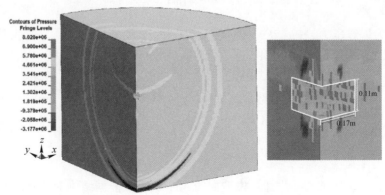

图 3.9　爆炸后粉碎区范围及应力波分布

爆炸粉碎区域。粉碎区半径与炮孔半径之比为 $d = 0.17/0.05 = 3.4$，与文献 [25, 26] 的研究结论 2~6 相符。

在耦合装药下，柱状药包爆炸后，向围岩施加冲击荷载，按声学近似原理，粉碎区边界爆炸压力峰值按式 (3.5) 计算[26,27]：

$$\begin{cases} p_c = \dfrac{p_d}{d^3} \\[2mm] p_d = \dfrac{2\rho C_P}{\rho C_P + \rho_0 D} p_0 \\[2mm] p_0 = \dfrac{1}{1+\gamma}\rho_0 D^2 \end{cases} \tag{3.5}$$

式中，p_c、p_d 为作用在粉碎区边界和炮孔壁的初始压力，Pa；d 为粉碎区半径与装药半径之比，取 3.4；p_0 为炸药的爆轰压力，Pa；ρ、ρ_0 分别为岩石和炸药的密度，分别取 2700kg/m³、1240kg/m³；C_P 为岩体纵波波速，取 4240m/s；D 为炸药爆速，取 3200m/s；γ 为爆轰产物的膨胀绝热指数，一般取 3[26]。

根据式 (3.5) 计算得粉碎区边界峰值压力 $p_c = 120$MPa。

图 3.10 所示为 ANSYS/LS-DYNA 计算得到的粉碎区边界压力时程曲线。从图 3.10 中可知，其峰值压力为 132MPa，这与理论计算的 120MPa 较接近；峰值上升时间为 40μs，处于文献 [26, 28] 的研究结论 20~150μs 之内。

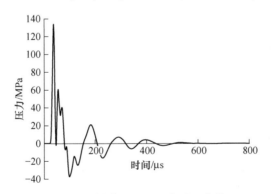

图 3.10 粉碎区边界压力时程曲线

图 3.11 所示为岩体爆炸质点峰值速度衰减曲线。按萨道夫斯基经验公式[29]，得：

$$v = K(Q^{\frac{1}{3}}/R)^{\alpha} \tag{3.6}$$

式中，v 为质点振动速度，cm/s；Q 为炸药量，取 0.5kg；R 为爆源到质点的距离，m；K、α 为与地形、地质条件有关的系数和衰减指数，依据 GB 6722—2011《爆破安全规程》，K 取 75，α 取 1.4。

从图 3.11 可知，数值模拟与理论计算在爆源中远区耦合情况较好，近区差距较大，这与所选择的本构模型和理论公式等均有关系，其差异性分析还需要进一步研究。

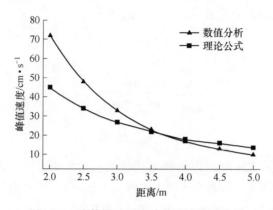

图 3.11 岩体爆炸质点峰值速度衰减曲线

3.2.1.2 FLAC³ᴰ动力计算流程及阻尼选择

调用 FLAC³ᴰ动力模块可以模拟岩土体在爆炸荷载作用下的完全非线性响应，其爆炸荷载一般由其他动力分析程序、理论公式或实测数据提供。本次采用ANSYS/LS-DYNA 计算得到的粉碎区边界爆炸压力时程曲线作为爆炸荷载。

因 FLAC³ᴰ程序中没有包含应变率效应的弹塑性模型，本次 FLAC³ᴰ爆炸动力计算采用摩尔-库仑本构模型。其物理力学参数采用上述灰岩物理力学参数，见表 3.1 及 3.2.1.1 B，动力计算时间取 2.0ms。开启大变形计算模式。

A 动力计算流程

图 3.12 所示为 FLAC³ᴰ爆炸动力计算流程。模型尺寸和边界条件按上述ANSYS/LS-DYNA 爆炸计算选取。注意，FLAC³ᴰ计算忽略炮孔周围粉碎区的影响。FLAC³ᴰ实施爆炸计算时，直接按 ANSYS/LS-DYNA 爆炸计算的结果生成等效爆炸粉碎区，并在其边界施加爆炸荷载，这样回避了在 FLAC³ᴰ中无法形成爆炸粉碎区的问题[30,31]。

B 阻尼选择

FLAC³ᴰ爆炸计算采用局部阻尼[23]，其表达式为：

$$\alpha_L = \pi D \tag{3.7}$$

式中，α_L、D 为局部阻尼系数和临界阻尼比。

对于岩土材料，相当多的能量消耗于材料塑性流动阶段。因此，大变形分析可能只需设置一个很小的阻尼比，如 0.5%[23]。为确定合理的临界阻尼比，取

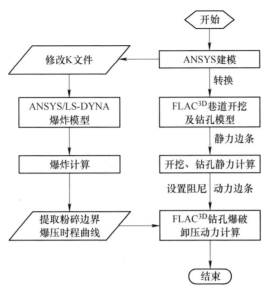

图 3.12 FLAC³ᴰ爆炸计算流程

0.5%~5%进行试算,并监测对应质点峰值速度变化情况,监测位置为图 3.8 中 A~H 点。图 3.13 所示为不同临界阻尼比下质点峰值速度衰减曲线,其中理论计算公式及参数与图 3.11 中一致。从图 3.13 可知,随着临界阻尼比增大,相同位置的质点峰值速度逐渐减小。这是因为各监测点之间的岩体所吸收的能量随阻尼系数的增大而增加。通过对比各曲线,在临界阻尼比取 0.5%时,数值模拟与理论计算结果耦合较好。由此,确定本次 FLAC³ᴰ爆炸计算的临界阻尼比为 0.5%。

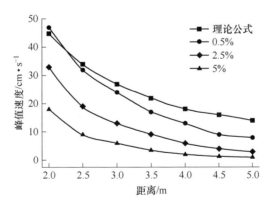

图 3.13 不同临界阻尼比下质点峰值速度衰减曲线

采用上述分析步骤与参数取值方法,实现 ANSYS/LS-DYNA 与 FLAC³ᴰ相结合的钻孔爆破卸压动态模拟。

3.2.2 巷道掘进端面动态模拟

ANSYS/LS-DYNA 炸药爆炸模拟计算时，忽略装药长度对压力时程曲线的影响，选取直径、长度均为 100mm 的约 1kg 炸药进行计算，爆炸时间定为 2ms。试算发现：选取长度 100mm 的约 1kg 炸药计算的结果最稳定，提取的压力时程曲线也最完整。爆炸时间 2ms 既符合一般爆炸规律的几毫秒到几十毫秒[24]，又在降低计算量的同时得到了完整的压力时程曲线。炸药爆炸的粉碎区沿炮孔长度方向约 0.130m、沿半径方向约 0.123m，如图 3.14 所示。粉碎区半径与炮孔半径之比为 2.46，与以往的研究结果相符[25,26,28,31]。将爆炸粉碎区边界上的压力时程曲线（图 3.15）作为爆破荷载，施加在巷道端面超深孔的等效粉碎区边界上，即 2.46 倍的炮孔半径处。由图 3.15 可知，粉碎区边界压力峰值为 319MPa，这与理论声学近似解 317MPa 基本相符[26]。从图 3.16 可知，岩体质点峰值压力衰减曲线的模拟结果与理论声学求解结果基本一致[26]。可见，如此选取爆炸荷载是合理的。

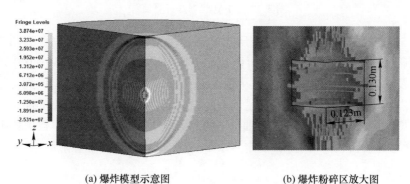

(a) 爆炸模型示意图   (b) 爆炸粉碎区放大图

图 3.14   爆炸后粉碎区范围及应力波分布

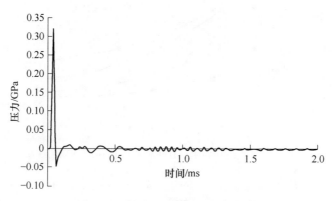

图 3.15   粉碎区边界压力时程曲线

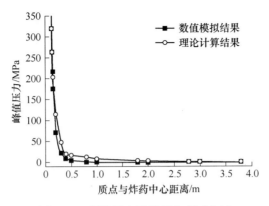

图 3.16 岩体质点峰值压力衰减曲线

3.2.2.1 FLAC³ᴰ动态模拟

A 巷道开挖的 FLAC³ᴰ模型

以秦岭灰岩为例建立半圆拱形巷道模型，类似图 3.1，仅将巷道轴向长增加到 $y = 40m$，其他尺寸不变，如图 3.17 所示。在自重应力场下实施静、动载计算。顶部施加荷载 39.7MPa，相当于巷道埋深 1500m。静力边界条件设置模型顶部为自由面，周边及底部法向位移约束。动力计算时，巷道端面开挖一个掘进循环进尺 2m，并同时将超深炮孔的超深部分挖掘到直径为 246mm，形成等效粉碎区边界，然后在该等效粉碎区边界上施加爆破荷载，模型四周及顶、底部采用静态边界[23,32]。

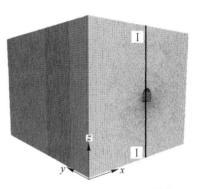

图 3.17 巷道端面的数值计算模型

B I—I 剖面静态开挖的支承压力分布

离巷道中心线 0.5m 切 I—I 剖面，其静力计算结果如图 3.18 和图 3.19 所示。由图 3.18 可知，巷道顶、底板出现了大约 0.8MPa 的拉应力，巷道端面出现了约 45~60MPa 的压应力。由图 3.19 可知，巷道端面出现剪切破坏，巷道顶、底板主要出现拉伸破坏。在此种受力和破坏状况下，施工时巷道端面及周边极易发生岩爆飞石现象。以上分析与秦岭灰岩掘进的实际情况一致。

在图 3.18 虚线上布设监测点，得到该剖面的支承压力分布，如图 3.20 所示。由图 3.20 可知，监测线 1 处，距离巷道掘进端面 0.75m 时，支承压力峰值达到 48.9MPa；监测线 2 处，距离巷道端面 0.5m 时，支承压力峰值达到 50.9MPa。

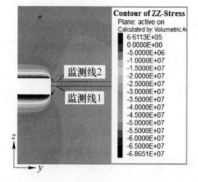
图 3.18   I—I 剖面静力计算应力云图

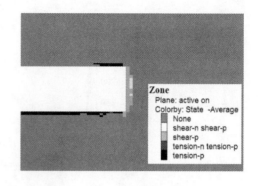
图 3.19   I—I 剖面塑性区分布图

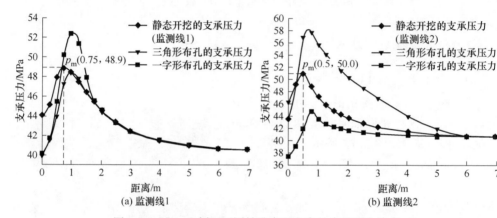

(a) 监测线1

(b) 监测线2

图 3.20   I—I 剖面不同钻孔布置方案的支承压力分布

3.2.2.2   钻孔布置及卸压方式模拟

为了研究不同钻孔布置方案的爆破卸压效果，选取一字形布孔和三角形布孔两种钻孔布置方案，如图 3.21 所示。两种方案均是以延伸端面辅助眼成超深钻孔。钻孔直径均为 100mm，深度为 5m，即超深长度为 3m。爆破时超深钻孔采用全长装药。

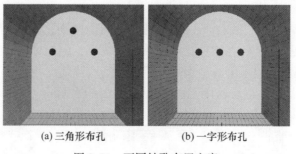

(a) 三角形布孔   (b) 一字形布孔

图 3.21   不同钻孔布置方案

经过动力计算，得出各方案Ⅰ—Ⅰ剖面钻孔爆破卸压后端面的支承压力分布，如图3.21所示。从图3.21可知，两种方案对巷道端面在不同区域的卸压效果不相同；三角形布孔方式对巷道端面三孔组成的卸压拱下大范围的卸压效果较好（图3.21（a）），一字形布孔方式对巷道端面三孔组成的卸压拱上部等局部的卸压效果较好（图3.21（b））。因此，采用一字形布孔不能实施巷道掘进端面的大范围卸压，必须采用三角形超深布孔。

从图3.21还可见，尽管三孔组成的拱内卸压了，但三孔组成的拱上部拱角等部位靠近巷道帮墙的支承压力不仅没有降低，反而发生剧烈增大，支承压力峰值增大值超过7MPa，因此，在掘进端面三角形布置超深钻孔卸压的同时，还必须补充实施巷道帮墙的钻孔爆破振动卸压。巷帮钻孔爆破卸压的动态模拟将在后续3.2.3小节论述。

3.2.2.3 钻孔超深长度模拟

钻孔超深长度决定着卸压效果的好坏。为了确定钻孔在不同超深长度下的卸压效果，在三角形布孔的基础上，选取钻孔超深长度分别为1m、2m、3m、4m、5m等进行模拟。由图3.22可知，钻孔爆破卸压均可使支承压力峰值向深部转移，其中钻孔超深为2m和3m时支承压力峰值还会降低，且2m时降低效果最好；由图3.22还可知，钻孔超深长度从2m逐步加深到5m时，支承压力峰值逐步增大。因此，理想的钻孔超深长度应为2m，即1倍的掘进循环进尺，并不是超深长度越深卸压效果越好。该结果与熊祖强等[14]静态模拟所得出的"超深钻孔长度应为掘进循环进尺3倍"的结论不同。

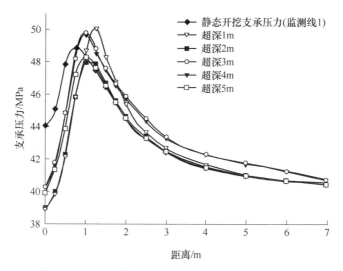

图3.22 Ⅰ—Ⅰ剖面不同钻孔深度下的支承压力分布

3.2.2.4 超深钻孔的装药长度模拟

为了确定钻孔超深的合理装药长度，在3.2.2.3小节的基础上，选取三角形布置钻孔，且钻孔超深长度取2m，分别取超深钻孔全长装药、仅超深部分的半长装药及仅孔底装药3种模拟方案。通过改变压力时程曲线的施加长度来调整装药长度。

研究表明，爆破装药长度越长，支承压力峰值转移或降低越明显（图3.23）。图3.24显示超深孔全长装药与仅孔底装药的塑性区范围变化不大，仅超深部分的半长孔装药的塑性区范围明显增大。因此，巷道端面钻孔爆破卸压应取超深钻孔全长装药。

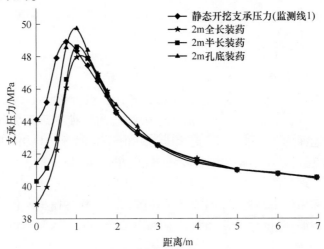

图3.23 Ⅰ—Ⅰ剖面超深钻孔不同装药长度的支承压力分布

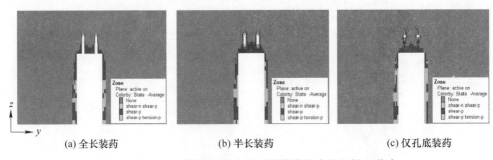

(a) 全长装药 (b) 半长装药 (c) 仅孔底装药

图3.24 Ⅰ—Ⅰ剖面超深钻孔不同装药长度的塑性区分布

3.2.2.5 巷道端面模拟小结

采用 ANSYS/LS-DYNA 与 FLAC^{3D} 相结合的方式，动态模拟了不同施工条件下巷道端面掘进的钻孔爆破卸压效果，得到如下主要结论：

（1）ANSYS/LS-DYNA 和 FLAC³ᴰ 程序相结合的动态模拟表明，钻孔爆破卸压会使巷道掘进端面的支承压力峰值降低并向掘进端面的深部转移，因而能消除岩爆飞石。

（2）除了巷道掘进端面钻孔爆破卸压外，巷帮必须同时类似卸压。

（3）采用三角形布置超深钻孔较一字形布置超深钻孔的卸压效果更好。

（4）超深钻孔并不是越深卸压效果越好，其合理长度应为掘进循环进尺的 2 倍。

（5）超深钻孔全长装药爆破的卸压效果最好。

3.2.3 巷帮动态模拟

以秦岭灰岩为例建立半圆拱形巷道模型，类似图 3.17 建模、取边界条件[23,32]，仅将巷道轴向长减为 $y = 15m$，其他尺寸不变。根据对称性，建立 1/2 直墙半圆拱形巷道模型。

3.2.3.1 初始支承压力模拟

静力计算为动力计算提供初始地应力场。图 3.25（a）所示为静力计算的巷道初始开挖后的垂直应力云图（单位为 Pa），从图中可知在巷道帮墙出现了峰值为 70.74MPa 的局部压应力集中，在巷道顶、底部出现了峰值为 0.08MPa 的拉应力。图 3.25（b）所示为 A—A′ 剖面塑性区分布，按图 3.25（a）的 A—A′ 线（$y = 7.5m$）剖分得到。从图 3.25（b）可知，在巷道帮墙出现了局部剪切屈服，在巷道底部出现了局部拉伸和剪切屈服。以上受力情况反映在巷道开挖过程中，因施工或爆破扰动，帮墙将会发生岩爆飞石，这与现场实际相符。

图 3.25（c）所示为巷道开挖后的支承压力分布，从图 3.25（b）中监测线上获取支承压力数据绘图。从图 3.25（c）可见，在距离巷道帮墙 0.8m 处，支承压力峰值点 P_m 处的峰值压力达到 70.7MPa。以大于原岩垂直应力的 5% 确定支承压力区边界[1]，可知支承压力区边界点 σ_E 处的宽度约为 5.37m。

3.2.3.2 钻孔深度模拟

为了确定不同钻孔深度下的卸压效果，在距巷道底板 1.5m 垂直高度的侧帮墙拱腰附近，凿直径为 100mm 的钻孔，深度分别选 1.0m、2.0m、3.0m、4.0m 和 5.0m。在孔底粉碎区边界（即半径 0.17m 的空腔边）[30,31] 施加 0.5kg 的 2 号岩石乳化油炸药（爆炸的时程曲线见图 3.10），分别实施钻孔爆破卸压。

图 3.26 所示为不同钻孔深度下的支承压力分布。从图 3.26 可知，钻孔深度在支承压力峰值位置（$x = 0.8m$）和支承压力区边界（$x = 5.37m$）的中部位置

(a) 初始垂直应力云

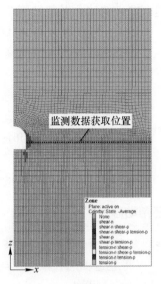

(b) A—A' 剖面塑性区分布

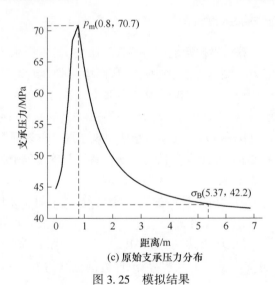

(c) 原始支承压力分布

图 3.25 模拟结果

($x = 2.0 \sim 4.0$m) 时，支承压力峰值明显降低。因此，理想的钻孔深度应为支承压力峰值位置与支承压力区边界之间的中部位置。这一结论比 3.1.3 节静态等效模拟的结论"钻孔爆破卸压的理想钻孔深度处在支承压力峰值与支承压力边界之间"更精确。

3.2.3.3 装药量模拟

为了研究不同装药量下的卸压效果，在上述研究的基础上，假设钻孔深度为

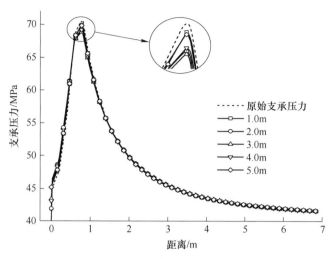

图 3.26 不同钻孔深度下的支承压力分布

3.0m，装药量分别为 0.25kg、0.50kg 和 0.75kg。

通过改变装药长度来调整装药量。图 3.27 所示为采用 ANSYS/LS-DYNA 计算得到的不同装药量下爆炸压力峰值和空腔体积的变化。这里空腔体积采用圆柱体体积公式计算。从图 3.27 可知，装药量与峰值压力、空腔体积呈正相关性。0.25kg、0.50kg 和 0.75kg 的装药量下，对应峰值压力分别为 74MPa、132MPa 和 174MPa，对应爆炸空腔体积分别为 $8.4×10^{-3}m^3$、$13.6×10^{-3}m^3$ 和 $17.6×10^{-3}m^3$。

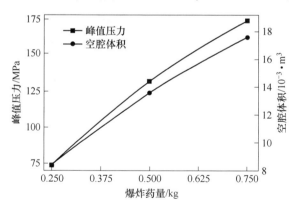

图 3.27 ANSYS/LS-DYNA 计算的不同装药量下压力峰值与空腔体积变化

图 3.28（a）所示为不同装药量下的支承压力分布，从图可知，装药量越大，支承压力峰值降低越明显。图 3.28（b）所示为不同装药量下的塑性区分布，从图可知，随着装药量的增大，炮孔周围和巷道四周的塑性区范围也在扩大，并有与巷道已有损伤区贯通的趋势。因此，合理的爆破装药量上限应防止爆

炸损伤区与巷道已有损伤区贯通而导致巷道整体失稳。

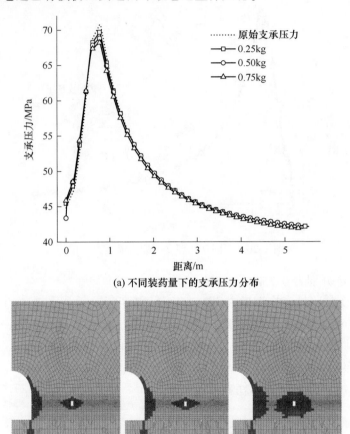

(a) 不同装药量下的支承压力分布

0.25kg　　　　　0.50kg　　　　　0.75kg

(b) 不同装药量下的塑性区分布

图 3.28　不同装药量下的支承压力分布及塑性区分布

3.2.3.4　钻孔间距模拟

为了验证不同钻孔间距的卸压效果，在上述研究基础上，假定钻孔深度为 3.0m，装药量为 0.5kg，钻孔间距分别为 1.0m、2.0m 和 3.0m。

图 3.29 (a) 所示为不同钻孔间距下的支承压力分布，从图可知，钻孔间距越小，支承压力峰值降低越明显。这是由于在爆炸冲击波的作用下，小孔距使得

钻孔之间的爆破裂纹更易贯通。图3.29（b）所示为不同钻孔间距下的塑性区分布，从图可知，钻孔间距减小时，巷道已有损伤区范围会扩大，钻孔之间塑性区也更易贯通。因此，钻孔间距下限应满足在确保不扩大巷道已有损伤区范围的前提下，钻孔之间能够形成基本贯通的塑性带。

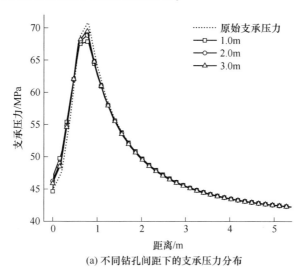

(a) 不同钻孔间距下的支承压力分布

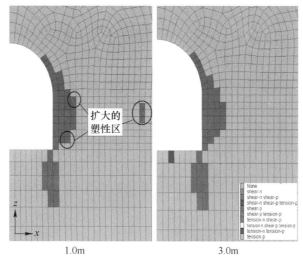

(b) 不同钻孔间距下的塑性区分布

图3.29 不同钻孔间距下的支承压力分布及塑性区分布

3.2.3.5 巷帮模拟小结

采用 ANSYS/LS-DYNA 与 FLAC^{3D} 相结合的方式，动态模拟了不同施工条件下的钻孔爆破卸压效果，得到了钻孔深度、装药量和钻孔间距的合理设计原则。结论如下：

（1）用 ANSYS/LS-DYNA 与 FLAC^{3D} 相结合的方式，动态模拟钻孔爆破卸压的效果是可行的。其较 FLAC^{3D} 静态等效模拟钻孔爆破卸压过程得到的钻孔深度、钻孔间距的范围更精确，且能够考虑不同装药量的卸压效果。

（2）合理的钻孔深度应处在支承压力峰值与支承压力区边界之间的中部位置。3.0m 宽灰岩、大理岩巷道的理想钻孔深度范围为 2.0~4.0m。

（3）装药量越大，支承压力峰值降低越明显。装药量上限应确保爆炸产生的损伤区与巷道已有损伤区不贯通。3.0m 宽灰岩、大理岩巷道中，100mm 直径钻孔爆破卸压的装药量上限为 0.75kg。在工程实际中小直径钻孔爆破卸压，可按钻孔面积比近似折算。

（4）钻孔间距越小，支承压力峰值降低越明显。钻孔间距下限应满足在确保不扩大巷道已有损伤区范围的前提下，钻孔之间能够形成基本贯通的塑性化带。3.0m 宽大理岩、灰岩巷道中，100mm 直径钻孔爆破卸压的钻孔间距下限是 1.0m。在工程实际中可在数值模拟基础上，通过多组试验对比确定合理的钻孔间距。

3.3　钻孔爆破卸压的数值模拟总结

高地压是导致冲击地压、大变形、分区破裂化的根源。钻孔爆破卸压是释放或转移巷道高地压的治本之策。采用 FLAC^{3D} 静、动态仿真有岩爆倾向岩石钻孔爆破卸压的应力及塑性区分布，探讨钻孔间距、钻孔深度和钻孔装药的卸压效果，得到如下结论：

（1）除了巷道掘进端面钻孔爆破卸压外，巷帮必须同时类似卸压。

（2）掘进端面采用三角形布置超深钻孔较一字形布置超深钻孔的卸压效果更好。

（3）掘进端面超深钻孔并不是越深卸压效果越好，合理的超深钻孔长度应为掘进循环进尺的 2 倍，且超深钻孔全长装药爆破的卸压效果最好。

（4）钻孔间距越小，支承压力峰值降低越明显。钻孔间距下限应满足在确保不扩大巷道已有损伤区范围的前提下，钻孔之间能够形成基本贯通的塑性化带。40mm 小直径钻孔，推荐钻孔间距取 2m。

（5）巷帮钻孔爆破卸压的合理钻孔深度应处在支承压力峰值与支承压力区边界之间的中部位置。约 3m 宽度的小断面巷道，推荐钻孔垂直深度取 2~2.5m。根据巷道支承压力的一般分布规律，可按照公式 $b/L=k_lk_r$[1] 估算钻孔深度，但一般垂直深度不应小于 2.0m。其中，L 为巷道宽度，m；k_l 为宽度影响系数。$L=3.0$m 时 $k_l=1$，$L=30~40$m 时 $k_l=0.5$；k_r 为岩石性质影响系数。硬岩 $k_r=0.8$，

中硬岩 $k_r = 1.5$。

（6）巷帮钻孔爆破卸压的孔底装药量越大，支承压力峰值降低越明显。装药量上限应确保爆炸产生的损伤区与巷道已有损伤区不贯通。按照爆炸面积比折算，推荐 40mm 小直径钻孔的孔底装药量约为 40g。

3.4 岩爆控制实践

3.4.1 豫灵某万米平硐岩爆控制

河南省灵宝县豫灵镇所处的小秦岭地区，民营企业为了开采深山中的黄金矿脉，从山体边沿向深山中掘进净断面宽 3.2m、高 2.8m 的万米长平硐。平硐穿越交错分布的黑色煌斑岩、灰白色大理岩或灰岩。从平硐口到 3000m 处，山顶与平硐的高差一般为 500～700m。延伸超过 3000m 后，山顶与平硐的高差一般超过 800m，局部超过 1200m。因此，巷道延伸超过 3000m 后，当巷道穿越灰白色大理岩或灰岩时，一般放炮后 1～24h 内，多次在巷道掘进端面、两帮发生岩爆飞石伤人事故，严重影响掘进速度。受该民营企业委托，作者亲自到现场了解地压显现及施工情况，并依据平巷地压分布规律，借助端面超深钻孔和两帮振动钻孔爆破，实施应力转移或部分集中应力释放[33]。

现场习惯应用直径 40mm 的钻头、长 2.6m 的钻杆掘进。采用 4 班 6 小时作业制度，每班完成一个掘进循环。平时掘进，一般采用 4～5 个装药眼围绕中心不装药空眼平行直眼掏槽。掏槽眼深 2.6m，辅助眼和周边眼深 2.3～2.4m。掏槽眼间距 80～100mm，掏槽眼外布置 2 圈辅助眼，周边眼一般为 11～13 个。如上布置炮眼，整个断面一般布置 36～40 个，可形成宽 3.4m、高 3.0m 的毛断面，木棚子临时支护后巷道净断面达到 3.2m×2.8m。如上布眼爆破，每个掘进循环进尺可以达到 2.0～2.2m。若掏槽眼深度或辅助眼深度不够，掘进进尺只能达到 1.7～1.8m。

附近城镇可以购买到最大长度达 5.5m 的超深钻杆。也就是说，超深钻孔的最大深度可以达到 5.5m。

3.4.1.1 钻孔爆破卸压参数确定

一般毛断面宽 3.4m、高 3.0m 的巷道，巷帮减压区离帮壁的水平距离约为 1.0m，峰值应力离帮壁水平距离约为 1.0～1.5m，掘进端面减压区离端面面壁水平距离约为 1 倍掘进循环进尺，峰值应力离端面面壁水平距离约为 1.5 倍掘进循环进尺[1,34,35]。结合 3.3 节钻孔爆破卸压数值模拟总结和施工条件，确定钻孔爆破卸压参数如下：

（1）在巷道掘进端面正中的拱腰、拱顶部位呈三角延伸辅助眼成超深钻孔。

顶眼基本布置在靠近巷道顶部的中轴线上，另 2 眼基本对称布置在巷道腰墙附近，分别在第一圈或第二圈辅助眼中选取钻孔超深。底眼到顶眼的间距分别取 1.0m、1.5m、2.0m、2.5m 四种试验方案。由于在 2 圈辅助眼中选取钻孔超深，后一掘进循环的超深钻孔位置可避开前一掘进循环已爆破的超深钻孔位置。

（2）超深钻孔凿眼深度分别取 3.3m、4.4m、5.5m 三种试验方案。前两种方案按照常规凿岩爆破，确保掘进进尺达到 2.0~2.2m；最后一种方案掏槽眼深度取 2.2m、辅助眼深度取 2.0m，确保掘进循环进尺达到 1.7~1.8m，使得超深钻孔的深度达到掘进循环进尺的 3 倍。

（3）巷帮振动炮孔沿巷道拱腰两侧对称呈直线布置，沿巷道走向取间距 1.0m、1.5m、2.0m、2.5m 四种布置方式，眼深度取 1.5m、2.0m、2.5m、3.0m 四种方案，孔底装药取 20g、40g、60g、80g 四种方案。

掘进端面共试验三种方案，眼间距主要取 2.0~2.5m，兼顾 1.0m、1.5m，每种方案至少试验 3 个掘进循环。巷帮共试验四种方案，眼间距和眼深主要取 2.0m、2.5m，兼顾其他尺寸，每种方案至少试验 3 个掘进循环。

由于是在辅助眼中延伸三个炮孔实现钻孔超深爆破卸压，超深钻孔都满装药，否则会影响巷道掘进的辅助眼的爆破效果。为了控制爆破卸压的效果，超深钻孔及振动钻孔装药时，都要密实填充，并用长 10~20cm 的黄泥紧密堵塞孔口或装填的孔底炸药。

3.4.1.2　卸压效果观察

按常规布置炮眼，形成 2.2m 左右的进尺，并呈三角形布置 3 个 4.4m 深的超深钻孔，底眼与顶眼的间距为 2.0m、2.5m，密集填装超深钻孔的炸药并紧密堵塞孔口，可较好地控制巷道端面的岩爆飞石。若三角眼底眼距顶眼的间距小于 1.5m，或者超深达不到 1 个掘进循环进尺（如超深钻孔长度 3.3m，为 1.5 倍进尺），或者超深超过 1 个掘进循环进尺（如超深钻孔长度 5.5m，达 3 倍进尺），在出渣、凿眼时巷道端面的松石较多，需要反复撬毛，可能是眼间距过小，壁面围岩被爆破振动严重损伤，或者钻孔超深过大导致卸压效果不太好的缘故。

为了验证眼间距，在超深钻孔深度为掘进循环进尺的 2 倍时，补充一组底眼与三角形的顶眼间距 3.0m 的试验，发现端面仍有"剥洋葱皮"似的片帮或飞石现象，可能是眼间距过大导致钻孔深部未很好地贯通形成塑性化带，因而卸压效果不理想的缘故。若在掘进端面的拱腰部位呈一字形、间隔 1.5m 布置 3 个超深钻孔，钻孔爆破试验后，拱腰部位以下的大面积掘进端面松石总撬不净，甚至还出现飞石现象，这说明拱腰部位以下未起到卸压效果。

在两帮腰墙离地面高度约 1.5~1.8m 处，分别沿巷道走向呈直线布置卸压振动眼，眼间距约 2.0~2.5m，并在孔底密集填装、堵塞 1/3 卷炸药（约 40g），有效地控制了巷道两帮的岩爆飞石。若两帮卸压振动眼间距小于 1.5m，或者装药量超过 60g，有时可观察到帮壁产生了爆破裂纹。若两帮卸压振动钻孔间距接近或超过 2.5m，或者装药量约 20g，或者炮眼未堵塞好而放"冲天炮"时，发现巷帮仍有"剥洋葱皮"似的片帮或飞石现象，这可能是钻孔深部未很好地贯通形成塑性化带，因而卸压效果不理想的缘故。

由于巷道穿过黑色煌斑岩时不发生岩爆，因此，当多数眼凿岩流出黑水时，既为了连续向深部转移峰值应力，又为了加快凿眼速度，仅保留三角形布置的顶眼类似上述超深、装药爆破，两帮振动眼间距可普遍放宽到约 2.5m。之后，当下一循环多数钻孔凿岩流出白水时，严格按照上述"端面呈三角形布置超深钻孔、两帮间隔约 2.0~2.5m 布置振动钻孔"，可以及时起到卸压效果。

3.4.1.3 某万米平硐卸压试验小结

经过现场钻孔爆破卸压试验，可得到如下主要结论：

（1）在小秦岭地区灰岩或大理岩中掘进宽 3.4m、高 3.0m 的毛断面平硐，在掘进端面的拱顶、拱腰部位辅助眼中沿巷道端面正中呈三角形延伸 3 个辅助眼成超深钻孔，实施超深钻孔达 2 倍掘进进尺、全长装药、底眼到顶眼的间距约 2.0~2.5m 的钻孔爆破卸压，可以较好地控制掘进端面的岩爆，并避免端面开裂、片帮。

（2）在拱腰部位沿掘进端面一字形布置 3 个超深钻孔，对拱腰以下的大面积掘进端面起不到卸压作用。

（3）在两侧帮墙的拱腰部位，沿巷道走向呈直线间隔约 2.0m、眼深约 2.0~2.5m、孔底紧密堵塞约 40g 炸药，可以较好地控制巷帮的岩爆，并避免巷帮开裂、片帮。

（4）当多数凿眼流出黑水时，仅在掘进端面超深上述三角形的顶眼，两帮卸压振动钻孔的间距放宽到约 2.5m，可以向巷道围岩深部连续转移峰值应力。

按照上述参数钻孔爆破卸压，成功控制了豫灵镇该万米平硐掘进过程中的岩爆，从 2009 年 12 月~2011 年 4 月掘进剩余的 3000 多米平硐，再未发生岩爆伤人。

3.4.2 文峪金矿超千米埋深盲竖井岩爆控制

河南文峪金矿在 1353 平硐内的 1362.08m 标高掘进毛断面直径 6m 的盲竖井，施工近两年，直到 2012 年 8 月共约延伸 300m。在近似东西向有宽约 4m 的竖井井壁及井底掘进端面上分布有灰白色大理岩或灰岩，其他部位分布的是黑色煌斑岩。由于支承压力峰值超过灰岩单轴抗压强度的 40%，近两年来在出渣或凿岩过程中多次发生灰白色大理岩或灰岩飞石伤人。为此，受文峪金矿委托，作者到现场了解地压显现及施工情况，结合 3.3 节钻孔爆破卸压数值模拟总结和施工条件，借助掘进端面超深钻孔和井壁振动钻孔爆破，实现应力转移或部分集中应力释放[36]。

工人习惯用长 2.6~3.0m 的钎杆实施直径约 40mm 的浅孔凿岩爆破。附近城镇可以购买到最大长度达 5.5m 的钻杆。也就是说，超深钻孔的最大深度可以达到 5.5m。

3.4.2.1 钻孔爆破卸压参数确定

根据钻爆法的卸压原理和豫灵某万米平硐掘进的岩爆控制经验，结合 3.3 节钻孔爆破卸压的数值模拟总结和施工条件、钻工布孔习惯，确定钻孔爆破卸压参数如下：

（1）沿竖井的东西井壁灰岩和大理岩出露部位，每侧各超出 1m（共 6m 长圆周），每个掘进循环分别沿这段井壁圆周间隔 1.5m、2.0m 或 2.5m 布置深 2.0m、2.5m 或 3.0m 的振动孔，孔底装药约 40g（1/3 卷炸药），并用长度约 10~20cm 的黄泥紧密堵塞。

（2）在井底掘进端面的辅助眼中沿 4m 宽的灰岩和大理岩出露带，在东西两侧靠近周边眼的第一圈或第二圈辅助眼中分别间隔 1.5m 各选择 3 个辅助眼对称超深，或间隔 2.0~2.5m 各选择两个辅助眼对称超深，超深钻孔的长度取掘进循环进尺的 2 倍，全长装药并用长度约 10~20cm 的黄泥紧密堵塞孔口。

（3）马头门掘进端面及帮墙类似 3.4.1 节布孔。端面呈三角形延伸辅助眼成超深钻孔，三角形的底眼和顶眼的间距分别取 2.0m 或 2.5m，眼深取掘进循环进尺的 2 倍，全长装药并用长度约 10~20cm 的黄泥紧密堵塞孔口；帮眼沿马头门拱腰呈直线、两侧对称布置，眼间距分别取 1.5m、2.0m 或 2.5m，眼深分别取 2.0m、2.5m 或 3.0m，孔底装药约 40g（1/3 卷炸药），并用长度约 10~20cm 的黄泥紧密堵塞。

竖井井壁钻孔振动卸压共试验三种方案，眼间距主要取 2.0m，兼顾 1.5m、2.5m，每种方案至少试验 3 个掘进循环。竖井井底掘进端面共试验三种方案，每种方案至少试验 3 个掘进循环。马头门掘进端面共试验两种方案，每种方案至少试验 3 个掘进循环。马头门巷帮共试验三种方案，眼深主要取 2.5m，兼顾 2.0m、3.0m，每种方案至少试验 3 个掘进循环。

3.4.2.2 钻孔爆破卸压效果观察

试验表明：竖井井壁眼间距 2.0m、孔深 2.5m、孔底装药约 40g 振动爆破东西侧井壁出露的灰岩和大理岩段，可有效控制竖井井壁的岩爆飞石。若眼深 2.0m 或眼间距 1.5m，将会在井壁出现明显的裂纹或"剥洋葱皮"似的脱落，这可能是竖井毛断面较大，竖井支承压力峰值离井壁面的距离相对较大，钻孔深度还取 2.0m，可能还未充分穿透支承压力峰值部位，因而卸压效果不好；或者炮孔间距过小，在支承压力和爆破振动的共同作用下，引起井壁开裂。竖井井壁眼间距 2.5m 或眼深 3.0m，尤其竖井净埋深不超过 1000m 时，井壁深部形成贯通的塑性化带的效果不好，井壁偶尔会出现"剥洋葱皮"似的脱落。

井底掘进端面间距 2.0~2.5m 对称 4 眼或间距 1.5m 对称 6 眼超深钻孔爆破，都可以有效控制竖井掘进端面的岩爆飞石。眼布的越多，出渣过程中耙出的底板毛石相对稍多，但钻孔爆破的时间越长，钻爆成本越高。因此，井底掘进端面采用在东西两侧对称 4 眼超深辅助眼成超深钻孔。

马头门掘进端面呈三角形延伸辅助眼成超深钻孔，三角形底眼和顶眼的间距取 2.0~2.5m 时岩爆控制效果较好。帮墙眼间距 2.0m、孔深 2.0~2.5m，孔底装药约 40g 振动爆破，岩爆控制的效果相差不多；眼间距 1.5m 时，帮墙局部壁面出现贯通裂纹；眼间距 2.5m 或眼深 3.0m 时，尤其埋深不足 1000m 时，帮墙壁面偶而会出现"剥洋葱皮"似的脱落。

3.4.2.3 盲竖井掘进卸压试验小结

经过现场钻孔爆破卸压试验，可得到如下主要结论：

（1）在小秦岭地区灰岩或大理岩中掘进毛断面直径约 6m 的竖井，在井底掘进端面出现的灰岩或大理岩条带中，在两侧的辅助眼中间距 2.0~2.5m 对称 4 眼超深辅助眼成 2 倍掘进进尺深度的超深钻孔、全长装药爆破的卸压效果较好，也较经济。

（2）掘进宽约 4.0m、高约 3.8m 的毛断面马头门，在拱顶、拱腰部位的辅助眼中沿巷道端面正中呈三角形延伸 3 个辅助眼成超深钻孔，超深钻孔的长度达到掘进进尺 2 倍，全长装药，底眼到顶眼的间距 2.0~2.5m，钻孔爆破卸压可较好地控制掘进端面岩爆，并避免端面开裂、片帮；在两侧帮墙的拱腰部位沿巷道走向呈直线间隔 2.0m，或每个掘进循环在岩爆倾向岩石出露面沿竖井井壁圆周间隔 2.0m、孔底紧密堵塞约 40g 炸药振动爆破，可以较好地控制巷帮或井壁岩爆，并避免帮墙开裂、片帮。

（3）振动孔眼深一般约 2.0~2.5m，可按照公式 $b/L = k_l k_r$ [1] 估算钻孔深度，但垂直深度不应小于 2m。竖井断面较大，眼深取上线；马头门断面稍小，眼深接近下线。

按照上述参数钻孔爆破卸压，成功控制了文峪金矿盲竖井掘进过程中的岩爆，从 2013 年 1 月~2016 年 12 月，延伸剩余的长约 500m 的盲竖井，并掘进 620m 等中段平巷，再未发生岩爆伤人，每年带来直接经济效益 2530 万元。

按照上述参数钻孔爆破卸压，2015~2017 年还成功控制了一山之隔的陕西鑫元科工贸股份有限公司（陈耳金矿）18 坑、小峪及 21 坑埋深超千米的深部中段巷道掘进中的岩爆，每年创直接经济效益 2650 万元。另外在宝鸡西北有色二里河矿业有限公司带来经济效益约 3120 万元/年，在陕西铅硐山矿业有限公司带来经济效益约 2120 万元/年，在潼关中金黄金矿业有限责任公司带来经济效益约 3700 万元/年。

3.4.3   金川龙首矿巷道帮臌的钻孔爆破卸压

金川公司矿区含矿母岩为超基性岩体，呈不规则岩墙侵入前震旦纪地层中，矿体走向北 50°西，倾向南西，倾角 40°~70°。矿体围岩有混合岩、片麻岩、大理岩、片岩及花岗岩等。矿区以水平应力为最大主应力，水平压应力为近北 30°~40°东，在 200~300m 埋深时最大主应力一般为 20~30MPa，最高达 50MPa。941m 水平以上地应力测量表明，垂直应力基本值等于或略小于上覆岩层重量，水平应力是自重应力的 1.69~2.27 倍。

龙首矿在这些高水平地压的作用下，在走向近北 50°西的宽约 5m 主巷两侧常发生严重帮臌，严重影响汽车运输及通风、行人安全。为了治理帮臌，抑制高地压的危害，特发明了一种巷道帮臌的钻孔爆破卸压方法[37]。其要点是：在巷道上盘侧或上下盘两侧分别钻孔松动爆破形成塑性化隔离带，隔断围岩并消除高水平地压对巷道帮墙的挤压，从而减小或消除巷道帮臌量；而且使松动爆破塑性化带与巷道共同处在它们的支承压力的相互影响带内，从而进一步向松动爆破塑性化带转移施加在巷道上的部分垂直地压，最终达到降低巷道围岩压力、确保巷道安全稳定的目的。

3.4.3.1   施工方案

如图 3.30 所示，穿脉或盘区联络道施工完毕后，在脉外运输大巷有帮臌点的两条穿脉或盘区联络道内距离脉外运输大巷一定垂直距离 L_1，垂直两相邻穿脉或盘区联络道的断面同时对称各凿岩 3 个扇形深孔。孔底间隔约 2m 不穿透，以防非同时起爆时发生爆破冲孔。装药松动爆破形成塑性化带后，纵向隔断脉外运输大巷上盘侧围岩传递来的水平地压。如果脉外运输大巷的下盘侧帮臌点抑制效果不好，也类似施工卸压专用施工巷道，并在两相邻的卸压专用施工巷道内类似凿岩扇形深孔，实施松动爆破。

孔口堵塞黄泥的长度应不小于爆破裂纹在该岩体中沿卸压钻孔轴向扩展的深度 L_{min}，以避免深孔松动爆破振动对穿脉或盘区联络道造成影响，同时避免炮孔孔口爆破冲孔。按照式（2.22）计算 L_{min}。L_1 不小于爆破裂纹在围岩中沿卸压钻孔径向扩展的深度 R_1。参考式（2.12），有：

$$R_1 = \frac{\sqrt{6}L_{min}}{3} \approx 0.816L_{min} \tag{3.8}$$

按照表 2.2 取值，$z = (16 \sim 20) \times 10^6 \, kg / (m^2 \cdot s)$，深孔凿岩的炮孔直径取 70mm 时，按照式（2.22）求得 $L_{min} \approx 5.4 \sim 6.0m$，因此 $R_1 \approx 4.4 \sim 4.9m$。若炮孔直径取 90mm，则 $L_{min} \approx 6.9 \sim 7.8m$，$R_1 \approx 5.6 \sim 6.4m$。

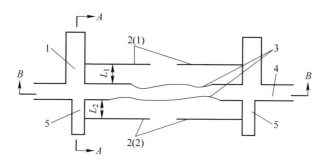

图 3.30　卸压钻孔平面布置示意图

1—穿脉（或盘区联络道）；2(1)，2(2)—卸压钻孔；3—帮臌点；4—脉外运输大巷；
5—脉外运输大巷下盘侧卸压钻孔的施工巷道（简称卸压专用施工巷道）

按 3.3 节估算 5m 宽主巷的支承压力峰值离巷道壁面的深度约为 3.85m、支承压力区边界离巷道壁面的深度约为 8.68m，为了既确保扇形深孔凿岩带处在主巷的支承压力影响带内，又确保扇形深孔爆破的径向裂纹扩展不损伤主巷壁面，深孔凿岩的钻孔直径取 70mm，L_1、L_2 取 6.0 ~ 7.0m，孔口不装药的堵塞长度不小于 6.0m，钻孔深度一般为 24 ~ 25m。3 个扇形深孔中，水平钻孔深不超过 24m，倾斜钻孔深不超过 25m。

深孔凿岩的钻孔直径若取 90mm，不仅孔口不装药的堵塞长度过大，几乎达到 8m，而且 L_1、L_2 取值也几乎会超过主巷的支承压力区边界，因而导致向松动爆破塑性化带转移施加在巷道上的部分垂直地压的效果不好。因此，选择 70mm 直径的钻孔实施扇形深孔爆破卸压。

3.4.3.2　巷道帮臌治理效果

现场试验表明，仅在发生帮臌的主巷矿体上盘侧（穿脉侧）应用 70mm 直径的钻孔实施扇形深孔爆破卸压，孔口不装药的堵塞长度不小于 6m，扇形深孔的开孔部位离穿脉口主巷岩壁的垂直距离 L_1 不小于 6m，可有效抑制主巷两帮的帮臌并确保巷道稳定。如果扇形深孔的开孔部位离穿脉口主巷岩壁的垂直距离 L_1 大于 8m，尽管也能抑制主巷两侧的帮臌，但转移主巷支承压力的效果不明显，还可见主巷拱角、拱顶的变形或开裂继续扩展。2015 ~ 2017 年以来，龙首矿按照上述参数钻孔爆破卸压，基本消除了主巷帮臌，成功控制了主巷地压。目前掘进每米小断面巷道至少需要 2500 元，应用本专利技术，相比掘进小断面巷道转移或释放地压，每米帮臌巷道治理成本可降低 2347.3 元。

3.5　本章小结

高地压是导致冲击地压、大变形、分区破裂化的根源。钻孔爆破卸压是释放或转移巷道高地压的治本之策。巷道掘进端面与巷帮必须同时实施钻孔爆破卸压。掘进端面采用三角形布置超深钻孔较一字形布置超深钻孔的卸压效果更好。40mm 小直径炮孔卸压，推荐振动孔的钻孔间距取 2m，全长装药的三角形布置的超深孔底眼到顶眼的间距可放宽到 2.5m。掘进端面应超深孔全长装药，孔深取掘进循环进尺的 2 倍。巷帮（或井壁面）钻孔爆破卸压的合理钻孔深度应处在支承压力峰值与支承压力区边界之间的中部位置，约 3m 宽的小断面巷道推荐钻孔垂直深度取 2~2.5m，断面较宽时钻孔深度取上线，相反则取下线，可按式 $b/L=k_lk_r$[1]估算钻孔深度。约 40mm 小直径钻孔振动爆破卸压的孔底装药量约为 40g（1/3 卷炸药）。大小断面巷道或爆破松动圈处在支承压力带内时，小断面巷道或爆破松动圈可隔断或转移大断面巷道的地压，控制巷道帮臌。

参 考 文 献

[1] 李俊平. 矿山岩石力学 [M]. 2 版. 北京：冶金工业出版社，2013：225-230, 247-249.

[2] Tang B. Rock-burst Control Using Destress Blasting [D]. McGill University，2000.

[3] Konicek P, Saharan M R, Mitri H. Destress Blasting in Coal Mining state of the art Review [J]. Procedia Engineering，2011（26）：179-194.

[4] 李俊平，王红星，王晓光，等. 卸压开采研究进展 [J]. 岩土力学，2014，35（Sup2）：350-358, 363.

[5] 窦林名，何学秋. 冲击矿压防治理论与技术 [M]. 徐州：中国矿业大学出版社，2001：1-17.

[6] 李俊平，王红星，王晓光，等. 岩爆倾向岩石巷帮钻孔爆破卸压的静态模拟 [J]. 西安建筑科技大学学报（自然科学版），2015，47（1）：97-102.

[7] 郭志强. 秦岭终南山特长公路隧道岩爆特征与施工对策 [J]. 现代隧道技术，2003，40（6）：58-62.

[8] 张可诚，曾金富，张杰，等. 秦岭隧道掘进机通过岩爆地段的对策 [J]. 世界隧道，2000，37（4）：34-38.

[9] 尹贤刚，李庶林，唐海燕，等. 厂坝铅锌矿岩石物理力学性质测试研究 [J]. 矿业研究与开发，2003，23（5）：12-13.

[10] 吴永博，高谦，杨志强，等. 厂坝露天矿边坡工程地质研究与岩体力学参数预测 [J]. 工程地质学报，2007，15（S1）：304-311.

［11］闫长斌，徐国元. 对 Hoek-Brown 公式的改进及其工程应用［J］. 岩石力学与工程学报，2005，24（22）：4030-4035.

［12］Wen Yanliang, Zhang Guojian, Zhang Zhiqiang. Numerical Experiments of Drilling Pressure Relief Preventing Roadway Rock Burst［J］. Applied Mechanics and Materials，2013，353-354：1583-1587.

［13］张兆民. 大直径钻孔卸压机理及其合理参数研究［D］. 青岛：山东科技大学，2011.

［14］熊祖强，贺怀建. 冲击地压应力状态及卸压治理数值模拟［J］. 采矿与安全工程学报，2006，23（4）：489-493.

［15］索永录. 坚硬顶煤弱化爆破的破坏区分布特征［J］. 煤炭学报，2004，29（6）：650-653.

［16］谢文清. 地下工程施工中岩爆的形成机理及控制措施［J］. 现代隧道技术，2008，45（4）：8-13.

［17］李俊平，叶浩然，侯先芹. 高应力下硬岩巷道掘进端面钻孔爆破卸压动态模拟［J］. 安全与环境学报，2018，18（3）：962-967.

［18］李俊平，张明，柳才旺. 高应力下硬岩巷帮钻孔爆破卸压动态模拟［J］. 安全与环境学报，2017，17（3）：922-930.

［19］王玉杰. 爆破工程［M］. 武汉：武汉理工大学出版社，2007：121.

［20］Livermore Software Technology Corporation（LSTC）. LS-DYNA keyword user's manual［R］. Livermore：Livermore Software Technology Corporation，2007.

［21］夏祥，李俊如，李海波，等. 广东岭澳核电站爆破开挖岩体损伤特征研究［J］. 岩石力学与工程学报，2007，26（12）：2510-2516.

［22］孙丽. 空气间隔轴向不耦合装药预裂爆破数值模拟研究［D］. 长沙：中南大学，2009.

［23］Itasca Consulting Group Inc. Fast Lagrangian Analysis of Continua in 3-Dimensions［R］. Minneapolis，USA：2005：1687-1826.

［24］李翼琪，马素贞. 爆炸力学［M］. 北京：科学出版社，1992：1.

［25］Brady B H G, Brown E T. Rock mechanics：for underground mining［M］. Third Edition. New York：Springer Science and Business Media，2013：524.

［26］戴俊. 岩石动力学特性与爆破理论［M］. 2 版. 北京：冶金工业出版社，2013：234-238.

［27］徐颖，丁光亚，宗琦，等. 爆炸应力波的破岩特征及其能量分布研究［J］. 金属矿山，2002（2）：13-16.

［28］杨建华，卢文波，陈明，等. 岩石爆破开挖诱发振动的等效模拟方法［J］. 爆炸与冲击，2012，32（2）：157-163.

［29］吕涛，石永强，黄诚，等. 非线性回归法求解爆破振动速度衰减公式参数［J］. 岩土力学，2007，28（9）：1871-1878.

［30］Atsushi S, Hani S M. Dynamic modelling of fault slip induced by stress waves due to stope production blasts［J］. Rock Mechanics and Rock Engineering，2016，49（1）：165-181.

［31］冷振东，卢文波，陈明，等. 岩石钻孔爆破粉碎区计算模型的改进［J］. 爆炸与冲击，2015，35（1）：101-107.

［32］ Lysmer J，Kuhlemeyer R L. Finite dynamic model for infinite media ［J］. Journal of the Engineering Mechanics Division，ASCE，1969，95（4）：859-878.

［33］ 李俊平，陈慧明. 灵宝县豫灵镇万米平硐岩爆控制试验 ［J］. 科技导报，2010，28（18）：57-59.

［34］ 钱鸣高，石平五. 矿山压力与岩层控制 ［M］. 北京：中国矿业大学出版社，2003.

［35］ 姜福兴. 矿山压力与岩层控制 ［M］. 北京：煤炭工业出版社，2004.

［36］ 李俊平，王石，柳才旺，等. 小秦岭井巷工程岩爆控制试验 ［J］. 科技导报，2013，31（1）：48-51.

［37］ 李俊平，把多恒，王红星，等. 巷道帮朥的钻孔爆破卸压方法 ［P］. 中国专利：201410471573. 2，2016-07-27.

4 硐室与深孔爆破地压控制

4.1 科学问题及技术核心

经过几十年开采，目前我国 3/5 的金属矿山因资源枯竭已接近尾声或闭坑，其余 2/5 的金属矿山已陆续转入深部开采[1~3]。无论上述何种情况，都需要进行采空区处理与卸压开采，否则，残留矿柱在高地压的作用下必将发生顶板冲击地压灾害，而且残留的高品位资源也不能安全、高效回收。

应用房柱法和全面法等空场法开采的浅部缓倾斜至水平采空区处理与卸压开采问题，第 2 章已经详细论述。应用留矿法、阶段（分段）矿房法等空场法开采的浅部，也需要回收矿柱并处理采空区。本章专门讲述在传统方法及切槽放顶法基础上发明的系列硐室与深孔爆破法如何技术可行、经济合理、简便适用地处理采空区，残采资源并消除顶板冲击地压隐患。

V 形切槽是硐室与深孔爆破实现急倾斜矿体开采的矿柱回收与采空区处理的技术核心，V 形切槽如何实现卸压开采是硐室与深孔爆破实现卸压开采的科学问题。

4.2 急倾斜薄脉矿体开采的 V 形切槽与上盘闭合法

4.2.1 概述

某萤石矿二中段以上矿体向北西倾斜、倾角约 70°，二中段至四中段矿体从近于直立过渡到向南东倾斜、倾角约 80°。现场调查发现，在三中段附近是褶皱轴面位置。矿体顶板为薄板状细砂岩及粉砂岩互层，层理发育；矿体底板为棕褐色、灰暗色板岩，层理发育。岩体力学性质见表 4.1[8,9]。

表 4.1 岩体物理力学参数

岩 体	容重 $\gamma/kN \cdot m^{-3}$	变形模量 E/GPa	泊松比 μ	内摩擦角 $\Phi/(°)$	黏聚力 C/kPa	抗压强度 $/MPa$
砂岩	25.9	20	0.2	38.66	1	6
板岩	25.0	30	0.2	35	0.8	4
风化砂岩	25.9	12	0.3	25	0.5	2
风化板岩	25.0	18	0.3	23	0.4	1.5

应用主运输斜井、明竖井和盲竖井贯通四个中段。各中段高50m，采矿深度距地表约为225m。一中段～三中段以上全部采空，四中段部分采空。由于四中段以上矿体几乎全部采空，形成厚2.5～3.0m、斜长155～210m、走向长209.4～386.6m的连续采空区，厚约25m的地表覆盖层出现了局部下陷或塌陷。为了保护草原生态环境，矿山采用了随塌随地表充填的处理措施，并在地表圈定了移动界限，即使如此，也常因羊群掉落入采空区而引发民族矛盾。为了经济地一次性根治采空区危害，避免长期激化民族矛盾，受企业委托，作者开展了采空区处理方案研究，结合现场实际及切槽放顶法[9~12]，发明了V形切槽顶板闭合法。因为对于类似的急倾斜薄脉采空区，前人常用废石充填或削壁充填等充填法处理，施工费用比较昂贵[4,5]。

应用V形切槽顶板闭合法处理急倾斜薄脉采空区，必须提出切槽位置的设计方法，分析V形切槽如何转移顶板应力分布状态。

4.2.2　V形切槽顶板闭合法简介

V形切槽顶板闭合方法是一种急倾斜薄脉采空区的处理方法，已经被授予国家发明专利[13]。其技术要点是：每隔2～3个中段就在采空区的上盘沿矿体走向实施V形爆破切槽，引起采空区的上盘向V形爆破切槽的切槽口发生下滑并向下盘翻转，使得V形爆破切槽的上部采空区闭合或形成自然平衡的闭合拱，从而消除V形爆破切槽上部的采空区，并借助切槽和掘进切槽施工巷道产生的废石就地充填到切槽口下一中段开采形成的采空区，同时也消除了切槽口下一中段开采形成的采空区。

根据技术要点，必须在剖面上合理确定切槽施工巷道的位置。V形切槽时，在巷道断面方向垂直扇形布置3个切槽深孔，其方向分别为水平、22.5°或45°。

4.2.3　切槽位置的材料力学研究

选取典型剖面，如图4.1所示。在上盘实施如图4.2所示的V形爆破切槽后，假设矿体直立，在埋深超过150m时，上盘切槽口上部的岩体可以简化为固定端悬臂梁模型[4,5]，如图4.3所示。

假设岩梁宽度取1m，岩梁上覆岩体的厚度取H，则均布荷载$q = \gamma H$。其中γ为岩体容重，kN/m³。设悬臂梁长度为L，则在剖面上离采空区边缘A的水平距离L的B处是切槽施工巷道的布置位置。根据材料力学原理，可以解算自由端A的最大挠度v为：

$$v = 1.5qL^4/(Eh^3) \tag{4.1}$$

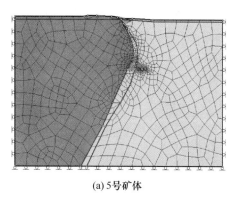 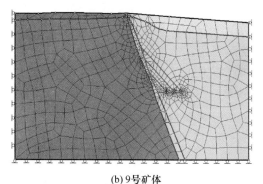

(a) 5 号矿体　　　　　　　　　　　　　　　(b) 9 号矿体

图 4.1　矿体典型剖面

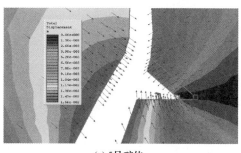 

(a) 5 号矿体　　　　　　　　　　　　　　　(b) 9 号矿体

图 4.2　V 形切槽剖面

自由端 A 的最大转角 θ 为：

$$\theta = 2qL^3 / (Eh^3) \qquad (4.2)$$

固定端 B 的岩梁最大应力 σ 为：

$$\sigma = 3qL^2 / h^2 \qquad (4.3)$$

式中，E 为上覆岩体变形模量，按表 4.1 取值；h 为矩形截面的岩梁高度，m，其中岩梁宽度为 1m。

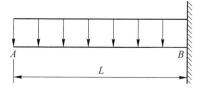

图 4.3　切槽后顶板受力图

在岩梁中心轴上表面，按式（4.3）计算得出的应力为拉应力；在岩梁中心轴下表面，按式（4.3）计算得出的应力为压应力。

因此，岩梁自由端 A 的下表面因下挠而产生的水平位移 $f = v\sin\theta$，岩梁因下挠而在自由端 A 的上表面产生的最大水平位移为 x，带入式（4.1）、式（4.2），有：

$$x = fh/v = h\sin\theta \qquad (4.4)$$

根据采空区的宽度 N 为 2.5~3m，由 $x \leqslant N$，按式（4.3）和式（4.4）可以解算 L。若间隔 3 个中段实施 1 次 V 形切槽，假设岩梁高度 h 取中深孔凿岩切槽施工机具的最大凿岩深度值 30m，则 H 约为 145m，按表 4.1 上盘砂岩取值，$q=\gamma H \approx 3.76 \times 10^6 \text{N/m}$，$E=2 \times 10^{10} \text{Pa}$，解算出 $L \leqslant 700 \sim 744\text{m}$。显然，按完整坚硬、不断裂的岩梁，仅由下挠而闭合采空区是不切实际的。

根据式（4.3）分析 B 端岩梁受到的最大拉应力，按 $\sigma \geqslant$ 岩体抗拉强度 σ_c，解算 L。按表 4.1 中抗压强度的 1/10 取值得到 σ_c，同上计算 q。

$h=8.0\text{m}$ 时，$q=\gamma H \approx 4.33 \times 10^6 \text{N/m}$，$L \geqslant 1.72\text{m}$；

$h=15.0\text{m}$ 时，$q=\gamma H \approx 4.14 \times 10^6 \text{N/m}$，$L \geqslant 3.30\text{m}$；

$h=30.0\text{m}$ 时，$q=\gamma H \approx 3.76 \times 10^6 \text{N/m}$，$L \geqslant 6.92\text{m}$；

$h=40.0\text{m}$ 时，$q=\gamma H \approx 3.50 \times 10^6 \text{N/m}$，$L \geqslant 9.56\text{m}$；

$h=50.0\text{m}$ 时，$q=\gamma H \approx 3.24 \times 10^6 \text{N/m}$，$L \geqslant 12.40\text{m}$；

$h=60.0\text{m}$ 时，$q=\gamma H \approx 2.98 \times 10^6 \text{N/m}$，$L \geqslant 15.55\text{m}$；

$h=70.0\text{m}$ 时，$q=\gamma H \approx 2.72 \times 10^6 \text{N/m}$，$L \geqslant 18.98\text{m}$；

$h=80.0\text{m}$ 时，$q=\gamma H \approx 2.46 \times 10^6 \text{N/m}$，$L \geqslant 22.81\text{m}$；

⋮

切槽时，由于有一个炮孔沿 45° 方向向上倾斜，将在采空区形成最大底宽约为 $1.5\text{m}+L$ 的梯形槽。切槽巷道上方顶板岩梁被拉断后，可向采空区发生 $1.5\text{m}+L$ 的下移和翻转，从而导致该部分的采空区闭合。可见，$L \geqslant 1.72\text{m}$ 就足以引起切槽口上部的部分顶板断裂并下移和翻转（图 4.2），导致该部分 $2.5 \sim 3.0\text{m}$ 宽的采空区闭合。

也就是说，$L=22.81\text{m}$ 时，在切槽巷道上方 80m 厚的顶板都将被拉断而向采空区运动，可发生 24.31m 的下移和翻转，足以在切槽口上方至少引起沿倾斜方向约 45.7% 的采空区闭合；同样，$L=15.55\text{m}$ 时，在切槽巷道上方 60m 厚的顶板都将被拉断而向采空区运动，可发生 17.05m 的下移和翻转，足以在切槽口上方至少引起沿倾斜方向约 34.3% 的采空区闭合；$L=9.56\text{m}$ 时，在切槽巷道上方 40m 厚的顶板都将被拉断而向采空区运动，可发生 11.06m 的下移和翻转，足以在切槽口上方至少引起沿倾斜方向约 22.9% 的采空区闭合；$L=6.92\text{m}$ 时，在切槽巷道上方 30m 厚的顶板都将被拉断而向采空区运动，可发生 8.42m 的下移和翻转，足以在切槽口上方至少引起沿倾斜方向约 17% 的采空区闭合；$L=1.72\text{m}$ 时，在切槽巷道上方 8m 厚的顶板都将被拉断而向采空区运动，可发生 3.22m 的下移和翻转，足以在切槽口上方至少引起沿倾斜方向约 4.6% 的采空区闭合。

总之，在剖面上，切槽施工巷道离采空区边缘的水平距离越大，形成的 V 形爆破槽将越大，引起切槽口上部的顶板断裂并向采空区下移和翻转的效果将越好，但爆破施工费用将越大。

根据《矿山安全规程》，从上向下开采时每隔 2~3 个中段就必须实施采空区处理。按间隔 3 个中段处理一个中段，处理的比例约为 25%。考虑采空区上部的覆盖岩层的影响，处理比例达到 20%，基本能满足释放地压、消除采空区隐患的要求。因此，在切槽口上方引起沿倾斜方向约 20.0% 的采空区闭合，就基本能满足采空区处理的要求。可见，切槽施工巷道离采空区边缘的水平距离 L 约取 10m 就能满足采空区处理的要求。在采空区上盘施工 V 形切槽爆破的作业巷道，其是否下陷，有可能是确保施工安全的关键。

4.2.4　V形切槽顶板闭合法的力学仿真

选取典型剖面，按照位移边界条件，建立如图 4.1 所示的计算模型，在上盘实施如图 4.2 所示的 V 形爆破切槽。切槽施工巷道离采空区边缘的水平距离 L 分别取 10m、20m、30m，按这三种方案分别仿真 5 号矿体和 9 号矿体典型剖面的应力分布情况。此次计算采用 phase2 软件，应用莫尔库伦准则。应力拉为"−"，压为"+"。计算结果如图 4.4 所示。

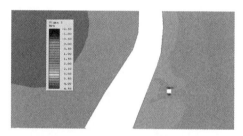

(a) 5号矿体 L=10m的施工巷道应力分布

(b) 5号矿体 L=10m的 V 形切槽应力分布

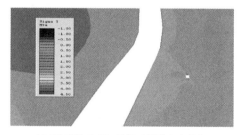

(c) 5号矿体 L=20m的施工巷道应力分布

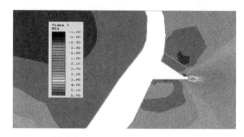

(d) 5号矿体 L=20m的 V 形切槽应力分布

(e) 5号矿体 L=30m的施工巷道应力分布

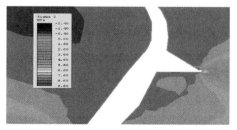

(f) 5号矿体 L=30m的 V 形切槽应力分布

(g) 9号矿体 L=10m 的施工巷道应力分布

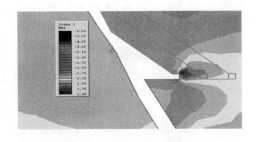

(h) 9号矿体 L=10m 的 V 形切槽应力分布

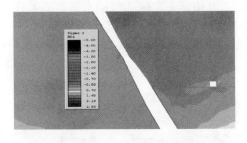

(i) 9号矿体 L=20m 的施工巷道应力分布

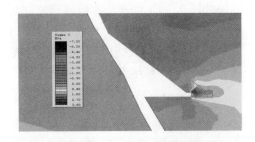

(j) 9号矿体 L=20m 的 V 形切槽应力分布

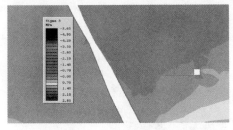

(k) 9号矿体 L=30m 的施工巷道应力分布

(l) 9号矿体 L=30m 的 V 形切槽应力分布

图 4.4　V 形切槽位置的巷道和顶板应力分布

　　计算结果表明（图 4.4），切槽施工巷道离采空区边缘的水平距离 $L \geqslant 10\text{m}$，实施 V 形爆破切槽后，切槽口上部的上盘顶板都会出现大范围的受拉区；切槽施工巷道离采空区边缘的水平距离越大，V 形爆破切槽后切槽口上部的上盘顶板出现受拉区的范围也越大，这与材料力学分析得出的结论是一致的；切槽施工巷道离采空区边缘的水平距离越大，施工巷道越稳定。

　　采空区的倾向沿垂直方向发生倒转时，如 5 号矿体典型剖面，切槽施工巷道离采空区边缘的水平距离 $L=10\text{m}$ 时，采用圆形拱巷道，并适当维护，可以确保施工巷道的稳定。采空区的倾向沿垂直方向不发生倒转时，如 9 号矿体典型剖面，切槽施工巷道离采空区边缘的水平距离 $L=10\text{m}$ 时，巷道顶、底板都将发生大范围受拉，底板受拉区几乎贯通到采空区，巷道可能向采空区下陷，巷道的稳定性将很难维护；$L \geq 20\text{m}$ 时，巷道顶、底板的受拉区明显减小，受拉区没有贯通到采空区，巷道的稳定性好维护。因此，在倒转采空区上盘实施 V 形爆破切槽时，切槽施工巷道离采空区边缘的水平距离 L 可取 10m；在不倒转采空区上盘实施 V 形爆破切槽时，切槽施工巷道离采空区边缘的水平距离 L 取 20m，否则，施工巷道将很难维护，V 形切槽的凿岩爆破安全将难以保障。

4.2.5 施工与预算

采用 BBC120 型钻机凿岩爆破、开凿 V 形槽，巷道断面尺寸为 2.5m×3.0m，其中宽为 2.5m。按照该萤石矿目前的施工承包单价 2000 元/m，沿脉施工巷道的施工长度为二、三两个中段巷道的平均长度，施工经费为：（209.4 + 386.6）/2×2000.0 ≈ 59.6 万元。

$L = 10\text{m}$ 时，每 40m 左右开凿一条约 10m 长穿脉，以便向采空区排放巷道凿岩产生的废渣。在采空区两端头各开凿一条凿岩穿脉，以便形成 V 形爆破的自由面。一般巷道的施工单价为 1500 元/m，因此，穿脉施工费用为：10×2×2000.0 + 10×6×1500 ≈ 13 万元。

BBC120 型钻机 V 形切槽爆破，凿岩孔径为 70mm，可凿岩的最大深度达 30m。根据理论分析，半扇形 V 形切槽，每个凿岩断面仅凿 3 个炮孔，爆破后即可引起顶板部分断裂，这三个炮孔分别是水平方向深约 8m、22.5°方向深约 9m 和 45°方向深约 10m。每个凿岩断面半扇形 V 形切槽炮孔的总深度约为：8+9+10 = 27m。切槽爆破的排间距取 3m，共需凿岩的炮孔深度为 27×[（209.4+386.6）/2 +20]/3 ≈ 2862m。按矿山单价，V 形切槽约需凿岩费用为 4.3 万元、炸药费用 11.2 万元、雷管费用按炸药费用追加 10%。因此，$L = 10\text{m}$ 时采用 BBC120 型钻机 V 形爆破切槽，共需施工费用：59.6+13+4.3+11.2×110% ≈ 89.2 万元。

如果采空区在垂直方向不发生倒转，L 取 20m，采用 BBC120 型钻机 V 形爆破切槽，穿脉、V 形爆破切槽费用约增加 1 倍，共需施工费用：59.6 + 13 × 2 + 4.3 × 2 + 11.2×110%×2 ≈ 118.8 万元。

为了避免掘进 V 形切槽爆破自由面、废石排放等联络巷道下陷导致巷道下滑事故，可以不专门掘进上述巷道或自由面，借助 2 排分别为 45°、−22.5°方向的每排沿走向间距不超过 1m 的 4~5 个密集炮孔和扇形孔内布置的小硐室，实施深孔与硐室爆破，产生废石排放联络道或 V 形切槽爆破自由面[14-16]。两端头在垂直走向方向也分别布置水平、22.5°、45°、−22.5°方向的 4~6 个密集炮孔，以便首先微差爆破切断 V 形槽与完整岩体的联系，随后小药室与深孔微差爆破将切断的岩体推向采空区，从而形成离采空区约 10~20m 的扇形或似 V 形槽的爆破自由面。这样，施工费用还可以减少约 13 万~26 万元。

4.2.6 施工效果评价

采用 BBC120 型钻机，应用急倾斜薄脉采空区处理的新方法——V 形切槽顶板闭合法处理约 20 万立方米的急倾斜薄脉采空区，在该萤石矿施工费用未超过 100 万元，研究与设计费用为 70 万元。为了避免掘进 V 形切槽的爆破自由面、废石排放等联络巷道而导致巷道下滑事故，借助间隔 1m 的 2 排密集炮孔和其内括壶爆破形成的小硐室，实施硐室与深孔爆破，产生上述联络巷道和爆破自由面，施工方式安全、经济、快捷。

为了确保在上盘沿脉施工巷道中安全地 V 形切槽，5 号矿体的上盘施工巷道布置在离采空区边缘 15m 的位置，9 号矿体的上盘施工巷道布置在离采空区边缘 25m 的位置。采空区处理完工约 2 个月后，上部采空区基本闭合，地面塌陷停止扩展。

4.3 急倾斜厚脉矿体开采的硐室与深孔爆破法

4.3.1 概述

4.3.1.1 开采现状

七角井铁矿属沉积变质型矿床。在铁矿上盘还有一层厚约 10.83m 的近似平行钒矿，二者之间的水平距离约 140m，如图 4.5 所示。目前钒矿仅开采了几个采场。

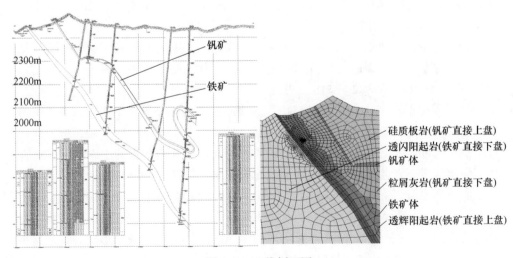

图 4.5　13 线剖面图

铁矿勘探线自东向西按从小到大顺序编号。目前主要开采的 7~16 线，铁矿都在地表完全揭露。矿体倾角 55°~90°。地表最高标高 2470m。采用露天台阶采矿法开采了 2400m 以上矿体，分段矿房法开采了 2280m 以上中厚和厚矿体，矿山累计生产原矿 1078 万吨，实际回采率达到 76.77%，残留矿柱 326.1 万吨。沿走向布置的矿块长度约 44~50m，宽度约 10~27m、平均 11.98m，这时两个矿块之间留有厚 7~8m 的间柱和顶柱；垂直走向布置的矿块按矿体水平厚度定矿块长度，约为 40m，矿块宽度 30m，两矿块中间留有厚 8m 间柱、厚 9m 顶柱；都不留底柱，采用间隔 10m 的穿脉平底结构铲运机出矿。自西向东将间柱编号为 1 号、2 号、…、36 号。矿柱与勘探线分布如图 4.6 所示。现已在 16~13 线形成 2364m、2320m、2280m 3 个中段，在 7~13 线形成 2320m、2280m 2 个中段，其中一、二中段已闭段。分段高度 12~20m 不等。

就铁矿和钒矿产状及空间位置而言，应先开采位于上盘的钒矿再开采铁矿，或者钒矿超前铁矿 1~2 个中段。由于某些原因导致铁矿先于钒矿开采，加上 2280m 水平以下充填法开采暂不能正常衔接，急需回收 2280m 以上的矿柱，按现有方法必将影响钒矿稳定性。为了确保钒矿完整并最大限度回收矿柱，针对该矿 +2280m 以上矿柱赋存状况、空区特点等，围绕稳产这一目标，特开展七角井铁矿矿柱回收及采空区处理研究。

4.3.1.2 矿床地质与岩体力学参数评价

矿区属典型的温带荒漠化干旱气候，地下水和温差对开采稳定性无影响。铁矿 13 线附近厚、两端薄，倾向北东。矿岩松散系数最大可达 1.6。铁矿上盘位于钒矿下盘之下，如图 4.5 所示。从地质剖面图看，8 号与 9 号间柱间、21 号与 22 号间柱间、27 号与 28 号间柱间、28 号与 29 号间柱间均有较大断层。为了避免钒矿被错动，必须保留上述邻近断层的间柱，即永久保留 8 号、9 号、21 号、22 号、27 号、28 号、29 号间柱，如图 4.6 所示。

根据长沙矿山研究院的试验及参数折减理论和经验[1,5,9]得到岩体力学参数，见表 4.2，其中岩体抗拉强度值（带 * 号）较类似抗压强度折减的值严重偏小。应用 D-P 准则实施弹塑性 ANSYS 分析，模拟最大拉应力随采空区跨度的变化，并按类似矿山顶板跨度模拟经验[9,17]，回归得到采空区极限跨度约为 113m，如图 4.7 所示，铁矿体的抗拉强度约为 5.75MPa。同样可得到上盘透辉阳起岩抗拉强度约为 2.70MPa。

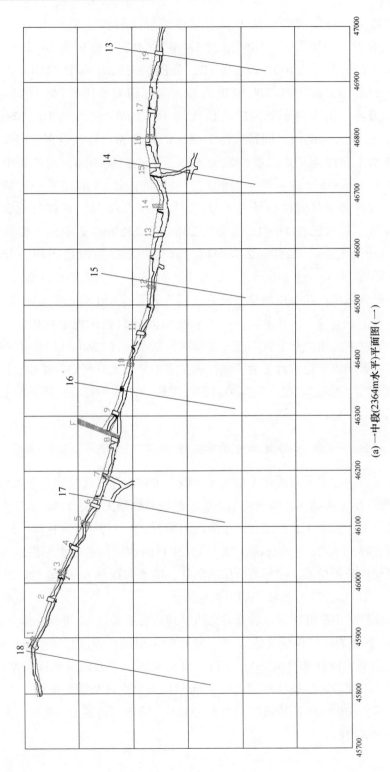

(a) 一中段(2364m水平)平面图(一)

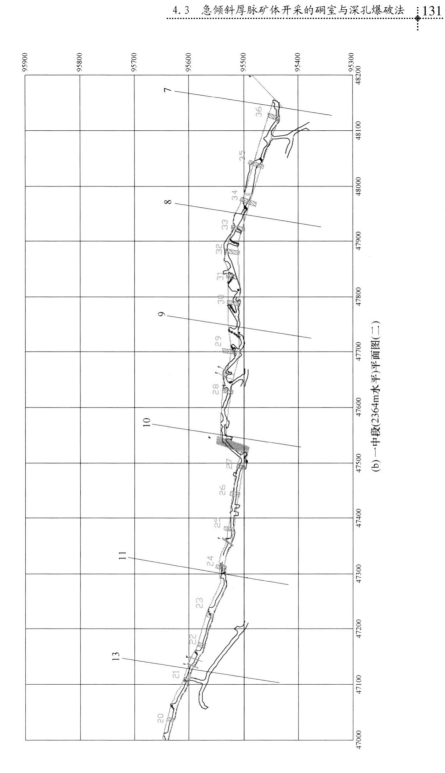

(b) 一中段(2364m水平面图(二)

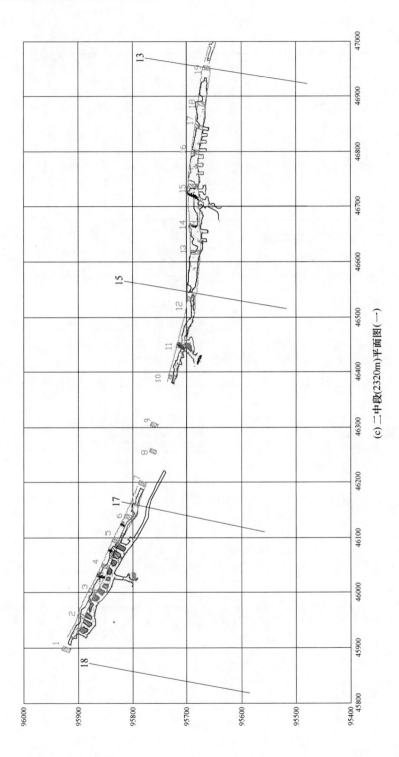

(c) 二中段(2320m)平面图(一)

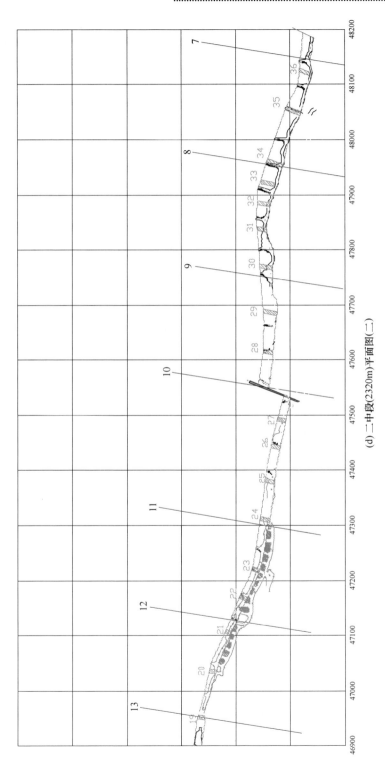

(d) 二中段(2320m)平面图(二)

图 4.6 一中段、二中段平面图

表 4.2　岩体力学参数

岩体名称	块体密度 /g·cm⁻³	变形模量 /GPa	泊松比	单轴 抗压 /MPa	抗拉强度* /类似压折减 /MPa	内聚力 /MPa	内摩 擦角 /(°)
透辉阳起岩（铁矿上盘）	2.914	27.787	0.244	40.21	1.948*/4.49	5.38	43.63
铁矿体	3.475	33.919	0.212	91.70	2.78*/9.64	7.76	44.38
透闪阳起岩（铁矿下盘）	2.815	20.791	0.258	49.17	1.81*/4.06	5.21	45.17
充填松散体	1.877	0.208	0.258	4.917	0.181*/0.406	0.521	7.53
硅质板岩（钒矿上盘）	2.686	30.273	0.233	66.33	2.21*/8.43	6.52	43.56
钒矿石	2.573	2.993	0.280	17.73	0.32*/2.67	1.83	39.45
粒屑灰岩（钒矿下盘）	2.838	23.716	0.252	46.52	1.53*/3.75	4.17	42.49

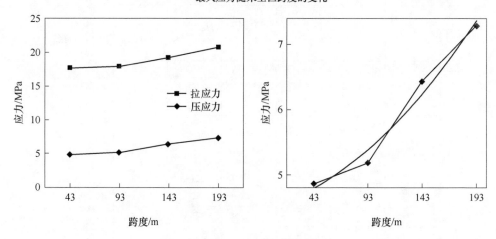

图 4.7　矿柱最大应力——采空区跨度及拉应力回归曲线

4.3.2　矿柱回收与采空区处理方案简介

4.3.2.1　间隔间柱抽采及采空区的硐室与深孔爆破法

西北矿冶研究院提出在纵向从上向下中段回收矿柱，在横向采用从中间向两端后退，并间隔间柱抽采间柱及其两侧的顶柱[18]，简称间隔间柱抽采法，矿柱理论回收率可达 74.3%。根据文献［5，10］计算出采空区中有效削波的松石垫层堆积厚度约为 17.8m，根据式（2.22）计算出爆破裂纹的扩展深度在铁矿体和上盘透辉阳起岩中分别为 3.74m、4.57m。

间隔间柱抽采后仅应用硐室爆破围岩充填采空区，只能防范上部冒落激发的一定量级的冲击波，不能控制上盘不均匀或过度岩移[18]。为了保护钒矿层免遭破坏，改围岩硐室爆破为采空区的硐室和深孔爆破[19]。其技术特征是：间柱和其两侧的顶柱抽采后，在沿走向长约为 93m 的采空区上盘实施深孔爆破，避免上盘围岩过度爆破损伤，同时使采空区中充满废石并达到一定的充填高度；小硐室爆破形成上盘深孔爆破的自由面；如果废石量难满足充填高度的要求，辅助实施下盘硐室爆破。从技术要点中可见，废石充填高度，即上盘深孔爆破或下盘硐室爆破量需要研究。类似 4.2.4 节（采空区的 V 形切槽顶板闭合方法）数值模拟表明，七角井铁矿深孔凿岩的施工巷道周边所受的拉应力正好为零时，施工巷道离采空区边缘的水平距离约为 12.5m，如图 4.8 所示。

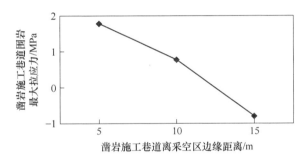

图 4.8 离采空区边缘距离-巷道最大拉应力变化曲线

为了避免上中段矿柱回收后爆破充填的废石引起下中段回收的矿柱贫化，回收顺序调整为：上中段矿柱爆破后，出矿的同时实施对应的下中段矿柱分段深孔凿岩并一次性大区微差爆破，随后在下中段底板上继续出矿；在纵向具体能安全实施几个中段的矿柱回收再处理采空区，还有待数值仿真，从而形成了完整的间隔间柱抽采法。该方法矿柱回采强度高，在矿石覆盖层下出矿，因而贫化率低，爆破充填的工艺简单，但废石爆破充填量较大，在无底部结构的采场中出矿时，同样出矿不安全，且难出干净。

4.3.2.2 间柱全采及间隔间柱控制爆破堆坝法

一中段第一个间柱回收完后，在下上盘同时实施深孔控制爆破堆筑松石坝支撑上盘[10,11]，之后继续回收其两侧的间柱，并间隔一个全回收的间柱再类似控制爆破筑坝。从中间向两端类似后退回收并处理完一中段采空区后，再类似回收下中段的矿柱。在下中段回收矿柱时，为了确保堆筑的松石坝不垮落，回收有筑坝的对应间柱时，间柱的最上一个分段及间柱两侧各半个矿房长度的顶柱永久保留。这个采空区处理方法，称为间隔间柱控制爆破堆坝法，如图 4.9 所示。上述矿柱回收方法，称为间柱全采法。

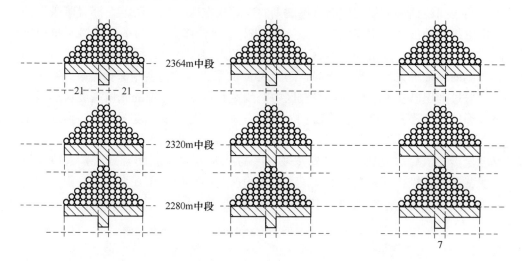

图 4.9　间柱全采的间隔间柱控制爆破堆坝法示意图（单位：m）

该方法的优点是：废石爆破充填量较小；除了永久保留支护断层的间柱外，一中段的其他间柱可以全部回收，二、三中段可以回收 75% 的间柱和 50% 的顶柱。在七角井铁矿，三个中段的矿柱总理论回收率可达到 71.2%。该方法的缺点是：控制爆破堆坝支撑上盘的工艺复杂；矿柱回采强度低，不能上中段出矿时下中段对应凿岩爆破；在上中段滚落的松石下出矿，贫化率相对较高；在无底部结构的采场中出矿时，不仅出矿不安全，而且难出干净。

4.3.3　矿柱回收及采空区处理方案的数值模拟

4.3.3.1　仿真模型与边界条件

根据矿床地质，不考虑地下水和地震对矿柱回收及采空区处理的影响。选取 13 线剖面为典型剖面。为了减少边界条件对计算结果的影响，建模时考虑 3~5 倍的空间影响范围。两垂直边界水平位移为 0；深部水平边界垂直位移为 0；转角处水平与垂直位移都为 0[5,20]。计算网格如图 4.10 所示。为了便于单元和网格的划分，根据实际取矿房长 42m，沿走向布置 5 个采空区（矿房）和 5 个宽 7m 的间柱。单元总数达 38885 个，节点总数达 41724 个。模型在矿体走向方向长 245m，垂直深度高达 500m，在剖面方向宽 400m。

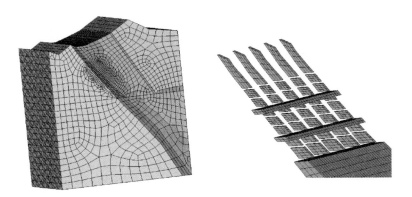

图 4.10 计算网格与矿房、矿柱

为了精确分析矿柱回收方法、回收顺序及采空区处理对上层钒矿稳定性和 2280m 水平以下的深部开采的影响，此次计算应用三维弹塑性有限元程序 ANSYS，采纳 D-P 破坏准则。计算应力图都是拉为"+"，压为"−"。垂直位移 "+"表示向上浮，"−"表示下沉。水平位移"+"表示向右，"−"表示向左。

4.3.3.2 间隔间柱抽采及采空区的硐室与深孔爆破法论证

A 方案 1

开挖产生间柱和顶柱后，按图 4.11 所示实施 13 个步骤的间柱回收及采空区处理。此次计算未考虑分层联络道的影响。计算结果见表 4.3、表 4.4。

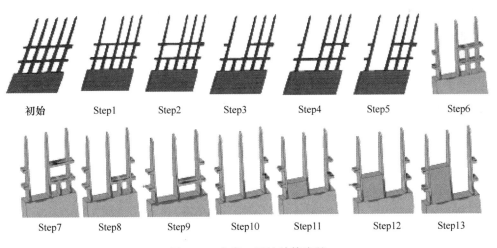

图 4.11 方案 1 开挖计算步骤

比较表 4.3 可见：

（1）各步开挖引起的矿柱压应力最大值都没有达到矿柱抗压强度。这说明压应力对矿柱回采及采空区处理无影响。

（2）从 Step1、Step2、Step4、Step6、Step7、Step9 各步又可见，抽采间柱较紧随之后的抽采顶柱引起矿柱最大应力增加得更大。这说明倾斜采矿时，间柱比顶柱起的支撑作用更大，顶住只起辅助支撑作用。

（3）一中段矿柱回收时矿柱最大应力的增加相对不大，但二中段回采后局部矿柱的最大拉应力接近矿体强度，三中段回采后许多矿柱单元的最大拉应力超过了矿体强度。因此，爆破充填矿柱回采后的采空区时至少必须充满第三中段。

（4）间柱抽采时最大拉应力常显现在本中段的顶柱中，因此，为了确保出矿的安全，本中段间柱和顶柱应该一次性微差爆破。

（5）从一中段到三中段同时抽采一根间柱及其两侧顶柱，矿柱拉应力基本没有达到其抗拉强度，但不充填而连续间隔抽采相邻的间柱，会促进顶柱最大拉应力快速升高而超过抗拉强度，因此，从一中段到三中段一根间柱及其两侧的顶柱回收完后，必须立即实施采空区处理，随后再后退间隔回采相邻的矿柱。

（6）一至三中段的矿柱回采对深部开采的影响总体不明显，位移变化基本不超过 10mm。

表 4.3　方案 1 各步矿柱最大应力与位移

步　骤	拉应力 /MPa	压应力 /MPa	水平位移 /mm	垂直位移 /mm	最大垂直位移 显现位置
初始	4.63	17.2	−4.33	−97.46	地表
Step1	5.11	17.4	2.59	3.85	顶柱
Step2	6.12	18.2	3.47	−6.00	顶柱
Step3	6.12	19.3	3.64	5.88	顶柱
Step4	7.30	20.0	4.05	7.22	顶柱
Step5	5.63	22.2	2.55	5.50	顶柱
Step6	6.02	23.7	2.70	5.47	顶柱
Step7	7.19	24.6	−3.83	−7.34	顶柱
Step8	7.00	25.1	3.95	5.95	顶柱
Step9	8.32	26.6	4.38	−8.44	顶柱
Step10	6.63	24.4	2.82	5.43	底板
Step11	6.25	24.5	4.00	82.66	充填体
Step12	6.26	24.5	4.05	87.02	充填体
Step13	6.27	24.5	4.10	89.49	充填体

比较表 4.4 各步也表明：

（1）从一中段到三中段抽采 1 根间柱及其两侧的顶柱对上盘稳定性的影响不明显，上盘岩体的拉应力没有达到其抗拉强度，但不充填而连续间隔抽采相邻的间柱会促进上盘岩体的最大拉应力快速升高而超过其抗拉强度，可能引起局部拉破坏。

（2）一至三中段的矿柱回采对深部开采的影响总体不明显，上盘水平位移不超过 5mm、垂直位移变化基本不超过 10mm。

表 4.4　方案 1 各步上盘最大应力、位移

步　骤	拉应力 /MPa	压应力 /MPa	水平位移/mm	垂直位移/mm
初始	2.02	14.9	−3.16	−105.06
Step1	2.63	17.3	−3.87	−8.25
Step2	2.49	18.1	−4.02	−9.03
Step3	2.36	18.6	−4.25	−9.16
Step4	2.43	17.2	−4.23	−9.48
Step5	2.45	17.5	−4.26	−9.40
Step6	3.17	22.2	−4.52	−9.93
Step7	3.33	22.3	−4.55	−10.24
Step8	3.42	22.3	−4.65	−10.30
Step9	3.49	22.3	−4.60	−10.52
Step10	3.50	22.4	−4.61	−10.40
Step11	3.52	22.4	−4.61	−10.67
Step12	3.53	22.4	−4.63	−10.83
Step13	3.54	22.4	−4.66	−11.05

B　方案 2

结合方案 1 的分析，开挖产生间柱和顶柱后，按图 4.12 实施 8 个步骤的间柱回收及采空区处理。考虑分层联络道的影响，计算结果见表 4.5。

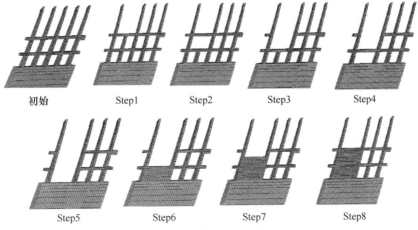

图 4.12　方案 2 开挖计算步骤

表 4.5 方案 2 开挖计算结果

步 骤	矿 柱				上 盘			
	拉应力 /MPa	压应力 /MPa	水平位移 /mm	垂直位移 /mm	拉应力 /MPa	压应力 /MPa	水平位移 /mm	垂直位移 /mm
初始	4.63	17.2	-4.08	-96.2	2.02	14.9	-0.36	-101.6
Step1	5.11	17.4	-0.49	-1.34	2.63	17.3	-4.66	-9.00
Step2	6.12	18.2	-3.14	-6.00	2.49	18.1	-4.80	-9.75
Step3	6.12	19.3	-0.80	-1.96	2.36	18.6	-5.03	-9.92
Step4	7.30	20.0	-3.22	-6.68	2.43	17.2	-5.01	-10.2
Step5	5.63	22.2	-2.56	-8.78	2.45	17.5	-5.04	-10.2
Step6	5.62	22.2	-2.56	-8.78	2.46	17.6	-5.04	-10.4
Step7	5.64	22.3	-2.70	-9.25	2.46	17.6	-5.06	-10.6
Step8	5.66	22.3	-2.70	-9.25	2.47	17.7	-5.10	-10.8

注：矿柱最大拉应力显现在顶柱上，尤其本中段间柱回收后的顶柱上。

对比表 4.5 可见：

（1）从一中段（Step1）到三中段（Step5）回收完一根间柱及其两侧的顶柱后，除顶柱滞后同中段的间柱回采外，矿柱、上盘最大拉应力、压应力都没有达到岩体的强度。这说明从一中段到三中段，都同时回收本中段的间柱及其两侧的顶柱是安全、可行的。

（2）从 Step2 到 Step3、Step4 到 Step5 看，抽采间柱较抽采顶柱引起矿柱最大应力升高得更快。这又一次证明，用阶段（分段）矿房法开采急倾斜矿体时，上下盘围岩主要靠间柱支撑，顶柱只起辅助支撑作用。

（3）比较 Step5 到 Step8，拉压应力几乎都没有变化，尤其 Step7 和 Step8 的矿柱、上盘压应力几乎相同。由于充填的爆破松散体的 C、φ 值相比矿、岩体相差太远，充填体引起地压的变化从计算中显现的很不明显，因而 Step5 到 Step8 几乎没有变化；Step7 和 Step8 的矿柱压应力相同，上盘拉、压应力也几乎无差别，因此，考虑施工经济因素和松石自重限制松石上浮而增强对保留矿柱及上盘围岩移动的限制作用，取二中段一半高度以下充满。

C 方案 3

结合前面两个方案的分析，三个中段对应的一根间柱及其两侧的顶柱回收完后，立即将二中段一半以下充填，然后后退间隔回采相邻的矿柱，按图 4.13 所示实施 11 个步骤的间柱回收及采空区处理。计算结果见表 4.6。

对比表4.6可见：一根间柱采完，并将二中段一半以下充满后继续间隔回采相邻的间柱（Step7~Step11），矿柱、顶板最大压应力都没有达到岩体的抗压强度，不超过3%的矿柱、顶板单元的最大拉应力超过了岩体的抗拉强度，其他单元的拉应力远低于岩体抗拉强度。这些超过岩体抗拉强度的单元，要么是本中段的顶柱滞后间柱回采造成的，要么正好受保留的3号间柱支撑。说明一根间柱采完并将二中段一半以下充满后继续间隔回采相邻的间柱是安全、可行的。

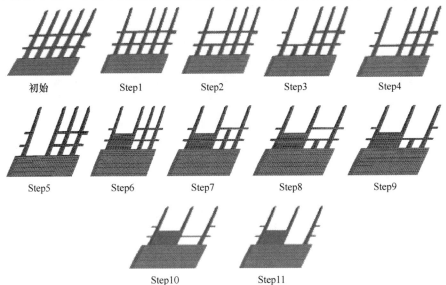

图4.13 方案3开挖计算步骤

表4.6 方案3开挖计算结果

步　骤	最大矿柱地压/MPa		最大上盘地压/MPa	
	拉应力	压应力	拉应力	压应力
初始	4.63	17.2	2.02	14.9
Step1	5.11	17.4	2.63	17.3
Step2	6.12	18.2	2.49	18.1
Step3	6.12	19.3	2.36	18.6
Step4	7.30	20.0	2.43	17.2
Step5	5.63	22.2	2.45	17.5
Step6	5.62	22.2	2.46	17.6
Step7	5.75	22.6	3.25	19.0
Step8	6.81	23.5	3.42	19.2
Step9	6.69	24.0	3.53	19.8
Step10	7.90	25.3	3.59	18.2
Step11	5.93	23.2	3.61	18.3

注：矿柱最大拉应力显现在顶柱上，尤其本中段间柱回收后的顶柱上。

从表 4.6 也可见，间柱回收后（Step2、Step4、Step8、Step10），有 3% 的单元的拉应力超过矿柱的抗拉强度，这些超过矿体抗拉强度的单元，多在本中段的顶柱上，一旦顶柱回采，应力马上降低。这进一步说明，为了确保出矿的安全，回收矿柱时将本中段的顶柱和间柱应集中凿岩并一次性微差爆破。

D 方案 4

开挖产生间柱和顶柱后，按图 4.14 所示实施 4 个步骤的间柱回收及采空区处理，并按方案 2，将二中段一半以下充填。计算结果见表 4.7、表 4.8。

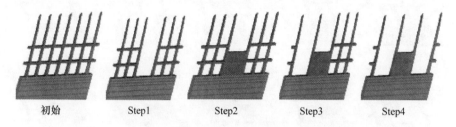

初始　　　　Step1　　　　Step2　　　　Step3　　　　Step4

图 4.14　间隔间柱回采并间隔充填的开挖步骤

表 4.7　矿柱回收及硐室与深孔爆破充填后矿柱最大地压、位移变化

步　骤	拉应力 /MPa	压应力 /MPa	水平位移/mm	垂直位移 /mm
矿房矿柱形成	4.63	17.3	-4.00	-96.6
Step1	5.19	21.1	-0.82	-1.81
Step2	5.62	22.2	-2.66	-8.95
Step3	*5.93	23.1	-2.90	-10.2
Step4	*5.98	23.2	-3.11	-11.5

注：第三步和第四步的最大拉应力均集中于边界处三中段顶柱与上下盘围岩的接触处。

表 4.8　矿柱回收及硐室与深孔爆破充填后上盘最大地压、位移变化

步　骤	顶板拉应力 /MPa	顶板压应力 /MPa	顶板水平位移/mm	顶板垂直位移/mm	钒矿水平位移/mm	钒矿垂直位移/mm
初始条件	2.27	14.1	-5.05	-102	-3.02	-102
Step1	2.77	17.7	-4.97	-10.1	-1.94	-3.34
Step2	2.78	17.8	-4.99	-10.4	-1.94	-3.48
Step3	3.73	18.6	-5.48	-11.7	-2.92	-5.20
Step4	3.90	18.9	-5.74	-12.6	-3.94	-5.56

注：最大拉应力均集中于 3 号、5 号间柱顶部的上盘围岩处。

根据表 4.7，随着矿柱的回收和采空区的充填，矿柱的最大压应力逐渐增

大，其中最小为 17.3MPa，最大为 23.2MPa，但是所有的最大压应力均小于铁矿体单轴抗压强度 91.7MPa 的 25.3%，故矿柱的压应力不会对矿房和矿柱的稳定性造成影响，按秦岭地区特性也不会发生岩爆[21,22]。4 号间柱及其两侧顶柱回收之后，矿柱最大拉应力为 5.19MPa；随后采空区充填，矿柱的最大拉应力增加到 5.21MPa；2 号间柱及两侧的顶柱回收之后，计算边界处三中段顶柱的部分单元最大拉应力增加到 5.93MPa，略大于铁矿体的抗拉强度 5.75MPa，但是大部分矿柱的拉应力小于 1.0MPa；6 号间柱及两侧顶柱继续回收之后，计算边界处三中段顶柱的部分单元最大拉应力增加到 5.98MPa，略大于铁矿体的抗拉强度 5.75MPa，大部分矿柱的拉应力也小于 1.0MPa，且 6 号间柱及两侧顶柱回收之前与回收之后的拉应力变化很小，拉应力云图如图 4.15 所示。随着矿柱的回收和采空区的充填，矿柱的位移变化不明显，对深部开采的影响也不明显。这充分说明，间隔间柱抽采并及时硐室与深孔爆破充填采后的采空区，然后再继续后退间隔抽采间柱是安全、可靠的。

根据表 4.8，随着矿柱回收和采空区充填，上盘的最大压应力逐渐增大，其中最小为 17.7MPa，最大为 18.9MPa，但是所有的最大压应力均小于上盘的抗压强度 40.21MPa 的 47%，故上盘的压应力不会对矿房和矿柱的稳定性造成影响。4 号间柱及两侧的顶柱回收之后，上盘的最大拉应力为 2.77MPa；随着二中段一半以下的采空区充填，上盘的最大拉应力变为 2.78MPa；2 号间柱及两侧顶柱回收之后，极少部分顶板的最大拉应力达 3.73MPa，这些超过上盘岩体抗拉强度 2.70MPa 的单元位于 3 号间柱和 5 号间柱顶部处的上盘近地表处，正好被 3 号间柱和 5 号间柱支撑着因而不会发生垮塌，其他大部分上盘单元的拉应力都小于 1MPa。6 号间柱及两侧顶柱回收之后，应力分布类似 2 号间柱回收后的状况，只是值略微增大。随着矿柱回收和采空区充填，上盘位移变化不明显。这同样说明，间隔间柱抽采并及时硐室与深孔爆破间隔充填采后的采空区是安全、可靠的。

E 间隔间柱抽采及采空区处理论证小结

(1) 应用间隔间柱抽采法按如下步骤回收矿柱、处理采空区是安全、可靠的。

从上到下回采一至三中段的 4 号间柱及其两侧的顶柱后，必须上盘硐室与深孔爆破充填回收后的采空区，充填高度达到二中段的一半，然后继续类似后退回采 2 号、6 号间柱及其两侧的顶柱，并再对间隔间柱抽采后的大采空区进行类似充填。

因为一中段到三中段的 4 号间柱及其两侧顶柱回采后，如果不充填采空区而继续类似回采一中段到三中段的 2 号间柱及其两侧顶柱，上盘位移变化不明显，

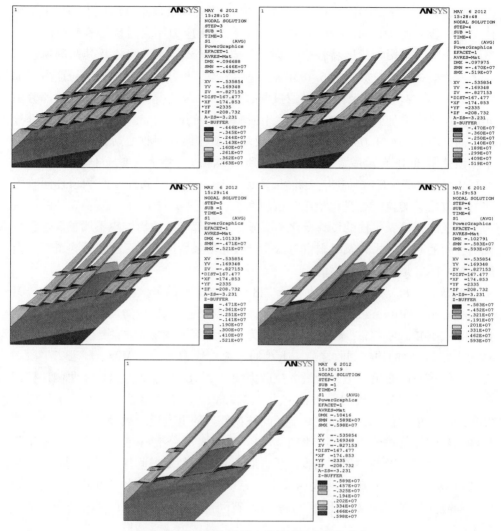

图 4.15　方案四各计算步骤的矿柱拉应力分布

但是，上盘最大拉应力明显增大，可能超过其抗拉强度 2.70MPa 而引起局部拉破坏；而且采空区充填后限制上盘岩移的作用较明显，采空区充填的高度越大，限制间柱、上盘和深部岩体位移的效果越好，但二中段一半高度和全高充填限制上盘岩移的效果和引起地压变化的效果不明显，因此，从经济的角度考虑，决定充填高度为二中段的一半，即高约 62m。

从一中段到三中段回采同一号间柱及其两侧的顶柱，然后再充填采空区，不仅可以提高回采效率，增加出矿强度，而且在矿石覆盖层下出矿，可以减少出矿的贫化率。

根据削坡减载的原理[1]，爆破上盘靠近地表部位的三棱柱体，不仅方便爆破松石充实采空区，而且可以大幅度减小引起上盘围岩发生岩移的荷载。

（2）用留矿法、阶段矿房法等空场法开采急倾斜矿体时，上下盘围岩主要靠间柱支撑，顶柱只起辅助支撑作用。因为回采间柱较顶柱引起矿柱、顶板应力增加得更快。

（3）为了确保矿柱回采和出矿的安全，在同一中段应该应用大区微差爆破一次性爆破间柱和其两侧的顶柱。因为间柱回采后，引起矿柱应力升高的最大拉应力往往显现在本中段的顶柱中，会引起许多顶柱单元的拉应力超过矿体的抗拉强度 5.75MPa 而发生冒顶，不利于出矿安全。

4.3.3.3　间柱全采及间隔间柱控制爆破堆坝法论证

间柱全采后，应用深孔或中深孔控制爆破堆筑松石坝支撑上盘，如图 4.9 所示。应用控制爆破堆筑松石坝，尽管只能堆筑 20 多米高，但是堆筑梯形体的截面积和体积几乎与间柱全高的截面积和体积相等，因此，数值仿真时，用等同间柱形状的松散体替代控制爆破堆石坝。开挖产生间柱和顶柱后，按图 4.16 所示的方案 5 实施 16 个步骤的间柱回收及爆破松石堆坝支撑。计算结果见表 4.9。

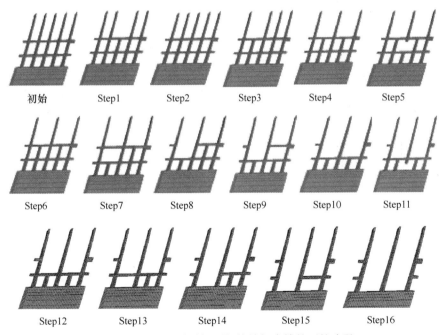

图 4.16　间柱全采并间隔间柱堆坝支撑的开挖步骤

从表 4.9 可见，矿柱、上盘的所有最大压应力均没有超过其对应的岩体抗压强度，故压应力不会对矿柱和上盘的稳定性造成影响，但从 Step3 开始的以后各步的最大拉应力都超过了其抗拉强度，显然，3 个中段都会发生矿柱、顶板失稳。说明应用间柱全采并间隔间柱控制爆破堆坝支撑上盘，矿柱和顶板都会发生失稳，从而导致上层矿体破坏。

表 4.9　矿柱开挖及控制爆破松石堆坝支撑上盘后矿柱、上盘最大地压变化

步骤	矿柱地压/MPa		上盘地压/MPa	
	拉应力	压应力	拉应力	压应力
初始条件	4.63	17.2	2.02	14.9
Step1	5.03	17.3	2.60	17.2
Step2	5.04	17.3	2.60	17.2
Step3	6.16	17.6	2.98	19.8
Step4	7.07	19.0	3.33	22.1
Step5	7.77	28.7	3.54	22.5
Step6	7.77	28.7	3.54	22.5
Step7	9.00	29.5	3.69	24.2
Step8	8.91	45.2	6.11	28.3
Step9	9.59	48.3	6.08	30.6
Step10	9.27	45.1	7.17	30.1
Step11	9.55	45.9	7.32	30.8
Step12	9.55	45.9	7.33	30.8
Step13	10.0	42.9	6.98	31.7
Step14	9.79	44.2	7.15	32.5
Step15	9.94	43.7	7.37	33.5
Step16	9.60	46.1	7.55	34.2

另外，从表 4.9 还可见：间柱全采并间隔间柱控制爆破堆坝支撑顶板后，一中段矿柱最大拉应力从 4.63MPa 到 7.07MPa，增加了 2.44MPa；二中段从 7.77MPa 到 9.27MPa，增加了 1.5MPa，三中段从 9.55MPa 到 9.60MPa，增加了 0.05MPa，都较一中段增加值小，原因是为了避免一中段控制爆破堆坝体坍塌而失去支撑作用并引起深部矿柱回收的矿石贫化，在堆坝体下保留了二中段、三中段顶柱及最上一个分段的间柱，分别占本中断间柱的 1/3、1/2。尽管前面方案 1 已证明"深部中段 1 根间柱全回采较一中段 1 根间柱全回采引起最大应力值增加的更大"，但是由于二中段保留了 1/3 的间柱、三中段保留了 1/2 的间柱，最大拉应力增加的幅度明显减小。因此，间隔间柱回采时，在一中段中可以回收保留间柱的下部 50%，即回收其最下的 1~2 个分段。

总之，间柱全采及间隔间柱控制爆破堆坝支撑上盘不利于保护上层钒矿的整体稳定，间隔间柱回采时可以回收保留间柱的下部 50%。

4.3.3.4　位移矢量分析

比较 4 号间柱及其两侧顶柱全部开挖、2 号间柱及其两侧顶柱再全部开挖及

三个充填步的应力矢量图（图 4.17）可见，在一个间柱两侧各开采一个相邻的间柱及其两侧顶柱，形成间柱两侧长度都为 93m、深度达三个中段的两个大采空区后：

1）间柱一侧采空的矿柱位移较两侧采空小很多。

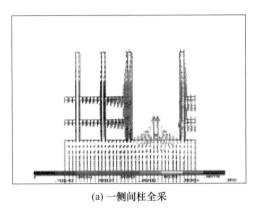

(a) 一侧间柱全采

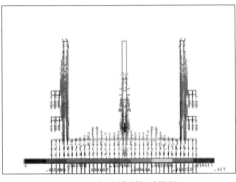

(b) 间隔间柱控制爆破堆坝

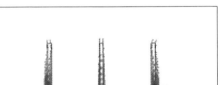

(c) 二侧间柱全采

(d) 三中段采空区充填

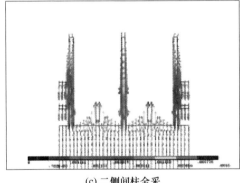

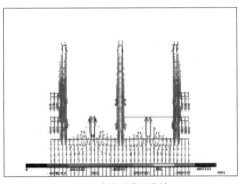

(e) 二中段下半部以下采空区充填

(f) 二中段以下采空区充填

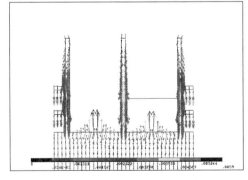

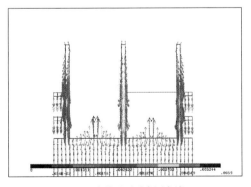

图 4.17 矿柱位移矢量（单位：m）

2）控制爆破堆石筑坝支撑的深部及间柱的位移较仅间隔间柱开采更大。

3）一侧长采空区充填，三中段以下岩体的上向位移及间柱位移较不充填时减小。

4）采空区充填高度越大，限制三中段以下岩体上向位移和间柱位移的效果越好。

4.3.4　矿柱回收与采空区处理施工方案

研究表明，间隔间柱抽采，从上向下抽采 3 个中段，悬空高度达到 150~190m 时，爆破三棱柱体充满采空区的厚度达到 62.0m 能限制上盘和保留的 3 号、5 号间柱向采空区发生过度岩体移动或弯折等破坏，如图 4.18 所示。如此每间隔抽采一个间柱，形成长约 93m 的采空区后，再立即充填该采空区，就能满足控制岩体移动和保护上层钒矿的需要。

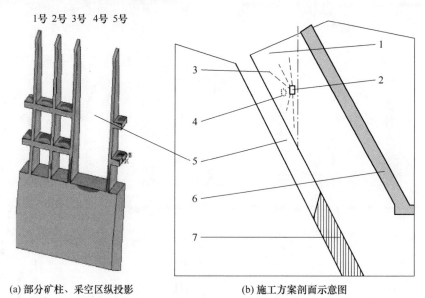

(a) 部分矿柱、采空区纵投影　　　(b) 施工方案剖面示意图

图 4.18　采空区处理施工方案示意图

1—三棱柱体；2—上盘深孔爆破的水平施工巷道；3—凿岩深孔；4—辅助小硐室；
5—4 号间柱抽采后的采空区；6—上层钒矿；7—2280m 以下的铁矿体

凿岩一中段 4 号间柱的同时，在一中段沿保留的 3 号或 5 号间柱向上盘围岩打水平穿脉，等穿脉延伸到离采空区边缘的距离约为 16m 时，再沿采空区走向凿深孔爆破的水平施工巷道，确保施工巷道离采空区边缘的距离不小于 12.5m。根据深孔凿岩设备的施工要求，水平施工巷道高 3m、宽 2.5~3m。

深孔爆破的水平巷道施工完毕后，在回收二、三中段的 4 号间柱及顶柱的同时，按图 4.18 凿扇形深孔。沿 93m 长的采空区走向切开 2~3m 宽的爆破自由面时，按图 4.18 布置深孔和小硐室，小硐室可以借助钻孔扩孔或药壶爆破产生。第一段起爆紧邻小硐室的两排扇形深孔，第二段起爆小硐室，然后依次起爆后排扇形深孔，从而产生爆破自由面。除产生爆破自由面的最中间 2 排扇形深孔间布置小硐室外，其他按图 4.18 凿扇形深孔时不必再布置小硐室。沿上盘的水平施工巷道走向，产生爆破自由面的几排扇形深孔的排距约为 1m，其他正常爆破的排距约为 3m。每排扇形面布置 6~9 个深度介于 9~30m 之间的炮孔。

从上到下三个中段的矿柱爆破并出干净后，一次性大区微差爆破上盘长 93m 的近似三棱柱体充填该矿柱回收后的采空区。之后，再类似后退间隔抽采 3 号、5 号间柱之外的 2 号、6 号间柱。

各中段矿柱回收时，间柱都采用分段集中上向深孔凿岩，从回收的间柱向保留间柱方向集中对顶柱水平深孔凿岩。一般在顶柱上凿 2 排水平扇形深孔，每排内布孔 5~7 个。起爆时，从最下一个分层向最上一个分层一次性微差爆破间柱和顶柱。为了确保保留间柱不受爆破损伤，水平深孔凿岩的钻孔深度比矿房长度至少小爆破裂纹的扩展深度 3.74m，实际凿岩时，水平深孔凿岩深度较矿房长度小 4m。

按照后续 5.3.3.3 小节的研究，类似上述后退抽采 3 号、5 号间柱之外的 2 号、6 号间柱时，可以同时在各分段（分层）中深孔上向凿岩并一次性微差爆破 3 号、5 号间柱分别靠近 2 号、6 号间柱的一半，从而进一步增大矿柱的回收率。

4.3.5 矿柱回收与采空区处理建议与评价

根据间隔间柱抽采并硐室与深孔爆破法处理采空区的实践，特作如下建议：

（1）尽管纵向抽采间柱的中段数目最多可达到 3 个，间隔间柱从上到下回采 3 个中段的同一根间柱及其两侧的顶柱后上盘岩体不会失稳，但是二中段回采后局部会因矿柱受拉破坏而发生冒顶、片帮，三中段回采后因矿柱受拉破坏而发生冒顶、片帮的次数明显增多。因此，建议在出矿时应用声发射技术监测预报矿柱的冒顶、片帮，并加大出矿强度、缩短出矿时间。为了确保出矿的绝对安全，建议采纳平底结构堑沟出矿。

（2）间隔间柱抽采时，从上到下 3 个中段回采同一根间柱及其两侧顶柱后，必须先硐室与深孔爆破处理采空区，确保及时爆破充填二中段一半高度（62m）以下的采空区，然后再继续类似间隔后退抽采；同中段间柱与顶柱必须集中凿岩、一次性大区微差爆破，而且顶柱水平深孔凿岩的深度比矿房长度小 4m，避免出矿过程中多发局部冒顶、片帮，确保保留的间柱不被爆破损伤。

（3）用空场法开采倾斜矿体时，尽管上下盘围岩主要靠房间矿柱支撑，顶柱只起辅助支撑作用，但为了尽可能多地回收矿产资源，在矿柱埋藏较浅或者只有 1~2 个中段时，可以爆破回收一中段保留间柱的下半段。因为保留二中段间柱的 1/3、三中段间柱的 1/2 引起矿柱拉应力增加的值分别为 1.72MPa、0.05MPa，一中段间柱全采引起矿柱拉应力的增加值为 2.44MPa。

（4）由于局部采场长度超过 50m，间柱抽采时应将间隔 1 根间柱调整为间隔 2 根间柱，以免抽采后采空区沿走向的跨度超过 113m，引起上盘过度移动或破坏。为了尽可能多地回收矿产资源，在不必专门掘进凿岩上山或天井时，可以在各分层（分段）联络道中上向垂直扇形凿岩、一次性大区微差爆破，将保留的 2 根间柱各回收一半厚度。

应用间柱全采并间隔间柱控制爆破堆坝法处理采空区不安全、不能确保上层钒矿不受破坏，应采纳间隔间柱抽采并硐室与深孔爆破法处理采空区。由于矿价下跌，2012~2013 年试采后，2014~2016 年暂停开采，2017 年启动后，按照上述研究、试验结果施工，2 年共成功回采矿柱 65 万吨，未见钒矿发生移动及破坏，带来年利税约 2333 万元。

2017 年 8 月前，采纳间隔间柱抽采并硐室与深孔爆破法处理采空区，剔除矿柱回收过程中的损失，包括采场长度超过 50m、2 采空区的跨度超过 113m 时间隔 2 根间柱抽采，实际矿柱总回收率达到 60%。2017 年 9 月后，不仅类似上述抽采并处理采空区，而且还按照后续 5.3.3.3 小节等结论——回收保留间柱的一半厚度，只有 1~2 个中段时还回收一中段保留间柱的下半段，回采连续保留的 2 根间柱间的顶柱并进行采空区处理；如此回采，剔除矿柱回收过程中的损失，实际矿柱总回收率超过 75%。

4.4　本章小结

实践证明，急倾斜薄脉或厚脉矿体开采后，实现采空区处理与卸压开采包含如下两个技术关键：

（1）确定上盘凿岩施工巷道的位置，这是上盘安全凿岩爆破的技术关键，也是有效形成卸压的压力拱的技术关键。

（2）确定硐室与深孔爆破参数，这是在采空区与上盘凿岩施工巷道间成功实现 V 形切槽或棱柱体爆破的技术关键。

切槽或棱柱体爆破形成的废石量，取决于限制上盘或矿柱移动等特殊要求。

参　考　文　献

[1] 李俊平，周创兵. 矿山岩石力学（第 2 版）. [M]. 北京：冶金工业出版社，2017.
[2] 何满潮，谢和平，彭苏萍，等. 深部开采岩体力学研究 [J]. 岩石力学与工程学报，2005，24（16）：2803-2813.

［3］ Li T, Cai M F, Cai M. A review of mining-induced seismicity in China ［J］. Inter national Journal of Rock Mechanics and Mining Sciences, 2007, 44（8）: 1149-1171.

［4］ 李俊平. 缓倾斜采空场处理新方法及采场地压控制研究 ［D］. 北京: 北京理工大学, 2003.

［5］ 李俊平, 周创兵, 冯长根. 矿山岩石力学——缓倾斜采空区处理的理论与实践 ［M］. 哈尔滨: 黑龙江教育出版社, 2005: 1-23.

［6］ 李俊平, 钱新明, 郑兆强. 采空场处理的研究进展 ［J］. 中国钼业, 2002, 26（3）: 10-15.

［7］ 李俊平, 冯长根, 曾庆轩. 采空场应用综述 ［J］. 金属矿山, 2002（10）: 4-6.

［8］ 水利水电科学研究院. 岩石力学参数手册 ［M］. 北京: 水利水电出版社, 1991.

［9］ 李俊平, 彭作为, 周创兵, 等. 木架山采空区处理方案研究 ［J］. 岩石力学与工程学报, 2004, 23（21）: 3884-3890.

［10］ 李俊平, 冯长根, 周创兵, 等. 控制爆破局部切槽放顶技术的基本参数研究 ［J］. 岩石力学与工程学报, 2004, 23（4）: 650-656.

［11］ 李俊平, 卢连宁, 于会军. 切槽放顶法在沿空留基地压控制中的应用 ［J］. 科技导报, 2007, 25（20）: 43-47.

［12］ 李俊平, 周创兵, 冯长根. 缓倾斜采空区处理的理论与实践 ［J］. 科技导报, 2009, 27（13）: 71-77.

［13］ 李俊平, 连明杰, 刘金刚, 等. 采空区的 V 型切槽顶板闭合方法 ［P］. 中国专利: 201110286775.6, 2013-07-31.

［14］ 丁金刚, 徐林荣. 某矿区Ⅳ号采空区治理 ［J］. 爆破, 2006, 23（1）: 105-108.

［15］ 郭辉成. 地采转露采空区处理探讨 ［J］. 中国矿山工程, 2007（2）: 4-5, 24.

［16］ 尤仁锋, 徐荣军, 王迪, 等. 极复杂多层采空区处理的分析与思考 ［J］. 露天采矿技术, 2011, 27（3）: 7-8, 13.

［17］ 李俊平, 周创兵, 李向阳. 下凹地形下采空区处理方案的相似模拟研究 ［J］. 岩石力学与工程学报, 2005, 24（4）: 581-586.

［18］ 菅玉荣, 刘武团, 郭生茂. 硐室爆破在空区处理中的应用 ［J］. 化工矿物与加工, 2004（2）: 30-32.

［19］ 李俊平, 刘武团, 赵永平, 等. 采空区的硐室与深孔爆破法 ［P］. 中国专利: 201210075984.0, 2013-12-04.

［20］ 李向阳, 李俊平, 周创兵, 等. 采空场覆岩变形数值模拟与相似模拟比较研究 ［J］. 岩土力学, 2005, 26（12）: 1907-1911.

［21］ 郭志强. 秦岭终南山特长公路隧道岩爆特征与施工对策 ［J］. 现代隧道技术, 2003, 40（6）: 58-62.

［22］ 张可诚, 曾金富, 张杰, 等. 秦岭隧道掘进机通过岩爆地段的对策 ［J］. 世界隧道, 2000, 37（4）: 34-38.

5 急倾斜矿体开采的卸压 开采与采空区处理

5.1 卸压开采与采空区处理的科学问题及技术核心

矿山进入深部开采后，往往在上部形成了大面积采空区，如果不及时处理采空区，不仅会因为采空区冒落或垮塌形成顶板冲击地压事故，而且集中在深部矿岩上的高地压也将导致岩爆或大变形事故。已有的新方法只能在采空区处理的同时，局部消除或转移该采空区内部或深部某一个作业面的地压，还没有一种合适的方法，既能全面处理浅部采空区，还能对其深部一个中段实现卸压开采。

压力拱理论适合解释开采保护层（解放层）或免压拱内采矿等卸压工艺的力学机制。水平地应力与隔断开采理论适合解释爆破垂直切槽或开挖垂直空间隔断或削弱水平地应力的力学机制。作者等在压力拱理论及水平地应力与隔断开采理论的基础上，发明了一种急倾斜矿体开采的采空区处理与卸压开采方法。其技术要点是：回收完采矿区的矿柱后，使采空区上盘和下盘在深部待采矿体以上形成一个以上盘、下盘沿脉巷道的外侧完好围岩为拱脚的免压拱，从而消除上部开采形成的采空区可能造成的地压危害；并通过上盘、下盘沿脉巷道底板的下向垂直深孔爆破形成的塑性化带，隔断高水平应力对深部待采矿体的影响，最终达到深部卸压开采的目的。

从技术要点可见：本项发明借助压力拱与隔断开采理论的巧妙结合，利用爆破技术这种施工手段，提出了转移或释放地应力，服务安全、高效开采的科学问题；必须研究解决如下技术核心问题：压力拱拱宽（上盘脉外巷道布置位置）、上盘或下盘脉外巷道底板隔断开采是否必须都施工、隔断开采深度、隔断开采施工工艺等。

5.2 硬岩矿山卸压开采与采空区处理方案研究

厂坝铅锌矿分厂坝矿区、小厂坝矿区、李家沟矿区、东边坡矿区以及已结束的露天坑，西起25线、东至116线，全长2350m。其中25线至43线是厂坝矿区，43线至65线是小厂坝矿区，65线以东是李家沟矿区，东边坡矿区位于小厂坝矿区的正上部的下盘方向按900m水平推算的移动角（80°）之外。2011年底厂坝矿区和李家沟矿区已经开采至 1142m 水平；小厂坝矿区 900m 水平以上只留下间柱和顶、底柱，还有品位 8.47% 的残矿约 160 万吨，局部已经开采至 750m 水平。900m 水平以下保有资源储量约为 1248 万吨。此外，由于 2011 年前的民采及以前小厂坝矿区的历史问题，在小厂坝矿区和厂坝矿区间、小厂坝矿区和李家沟矿区间已经没有明确的界限，采空区基本贯通。

由于回收采空区矿柱及开采 900m 水平以下的矿体时常发生飞石伤人等岩爆现象，同时也担心因小厂坝矿区 900m 水平以上的采空区顶板冲击地压隐患而诱发厂坝矿区、李家沟矿区、东边坡矿区岩移与崩塌。为此，2012 年，白银有色集团公司厂坝铅锌矿特邀请西安建筑科技大学李俊平学科组专门开展了"矿柱回收、采空区处理与地压控制"的方案研究，采用李俊平发明的急倾斜矿体开采的采空区处理与卸压开采方法，实现了矿柱回收、采空区处理及深部采场卸压开采。

5.2.1 工程地质与开采现状

小厂坝铅锌矿床隶属于甘肃厂坝矿区，位于甘肃省成县黄渚镇，地表海拔高度为 1100~1702m，相对高差 576~700m，属中高山区。区内矿产丰富，主要为铅锌矿。该矿床主要矿体为厂1②号矿体，位于 45~65 线之间，赋存标高 817~1220m，矿体走向近东西，走向长约 800m，倾向南，倾角 80°~85°，厚度 6.88~27.31m，如图 5.1、图 5.2 所示。

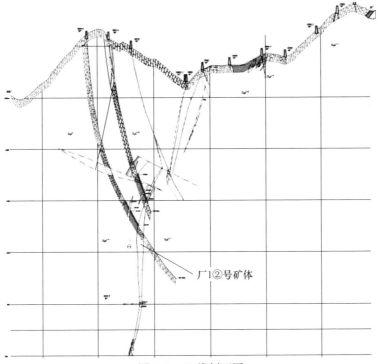

厂1②号矿体

图 5.1　45 线剖面图

上盘为结晶灰岩，下盘为黑云母片岩，矿体的覆岩及深部岩性近似按典型剖面中的分界线分开（图5.2）。除1100m水平以上作为一个非标准中段、段高约为70m外，其他中段高度为50m。900m水平以上5个中段已应用阶段矿房法回采完毕，仅留下高品位的中段顶、底柱和间柱需要回采。顶、底柱厚4m，间柱宽3m，矿房长47m。顶底柱、间柱分布如图5.3所示。在矿柱回采和900m以下的深部开采中经常发生岩爆。由于矿柱尺寸偏小，900m水平以上的老采空区中顶、底柱基本都沿走向破断，局部间柱倒塌。

矿床属裂隙充水矿床，水文地质类型属第二类型，但深部地下水动态相对稳定，井下及采空区一般较干燥。矿区内断裂构造发育，主要断裂构造有两组，即走向断层和横向断层。矿区地震设防烈度划分为八度区，地区地壳的稳定性较好。

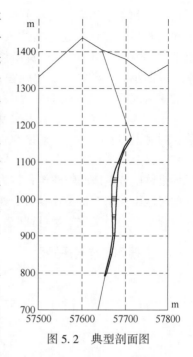

图 5.2　典型剖面图

按文献［1］或文献［2］取平均值得到该铅锌矿的矿（岩）石物理力学参数，再按文献［3］分别取上盘、矿体、下盘的完整性系数 0.71、0.57、0.61，修正得到数值模拟所需的岩体力学计算参数，见表 5.1。其中容重和泊松比不做修正。类似文献［4］，在上述计算参数的基础上，容重按 1.4 的松散系数折减，泊松比不变，弹性模量折减为 1/70，内摩擦角折减为 1/6，其他参数折减为 1/10，得到爆破弱化体的计算参数，见表 5.1。

表 5.1　岩体物理力学参数

介　质	容重 /kN·m⁻³	弹模 E/GPa	泊松比	抗压强度 σ_b/MPa	抗拉强度 σ_c/MPa	凝聚力 C/MPa	内摩擦角 f/(°)
结晶灰岩（上盘）	26.46	43.69	0.20	86.22	6.29	11.55	34.50
铅锌矿	33.71	52.68	0.30	83.40	5.90	11.66	29.70
黑云母片岩（下盘）	26.66	42.74	0.22	81.64	5.63	10.72	36.95
上盘爆破弱化带	18.90	0.624	0.20	8.622	0.629	1.155	5.75
下盘爆破弱化带	19.04	0.611	0.22	8.164	0.563	1.072	6.16

5.2.2 ANSYS 数值分析[7]

依据工程地质条件，不考虑地下水和地震作用，在重力应力场中应用 ANSYS 有限元分析采空区围岩的应力状态。按 45 线剖面构建真三维模型，建模中采纳六面体 solid45 单元，应用 D-P 准则及牛顿–拉夫森计算模式。除地表为自由面外，其他面都应用法向位移约束。上下盘岩性按图 5.2 中的分界线处理。以下应力分布图中"–"均为压应力，"+"均表示拉应力，单位均为 Pa。

5.2.2.1 采空区应力状态数值分析

借助单元"杀死"模拟采空区开挖、矿柱回采，评价浅部采场参数，分析深部掘进及矿房回采中常发生岩爆的原因，以便完善矿柱残采工艺，提出采空区处理与卸压开采新方法。900m 水平以上 5 个中段开采完毕后，形成如图 5.3 所示的顶、底柱和间柱。

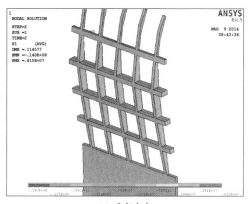

(a) 垂直应力　　　　　　　　(b) 水平应力

图 5.3　45 线剖面矿柱主应力分布

ANSYS 仿真表明（图 5.3（a））：矿体开采后矿柱基本都处于拉伸屈服阶段，拉应力一般达 1.68~3.91MPa，1100m 水平顶、底柱的局部拉应力超过了矿体抗拉强度 5.90MPa，但最大值出现在 950m 中段，达到 6.15MPa。在这些拉应力长期疲劳破坏下局部顶、底柱和间柱将会发生断裂破坏，这与现场地压显现调查结果完全一致。显然，前期开采设计脉内运输巷道时，仅取 4m 厚顶、底柱和 3m 宽间柱、47m 长矿房是不合理的，不能确保矿柱回采的安全。

矿柱回收前 900m 以下深部待采矿体的水平压应力一般为 14.1~17.5MPa，垂直压应力一般为 5.03~7.26MPa；矿柱局部水平压应力达到 30.9MPa，垂直压应力达到 14.0MPa（图 5.3、图 5.4）。矿柱回收后深部待采矿体的水平压应力一般为 14.3~19.1MPa，垂直压应力一般为 4.74~7.38MPa（图 5.4）。显然，回收

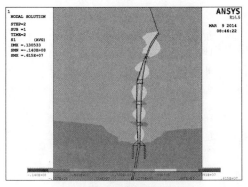

(a) 矿柱回收前垂直应力

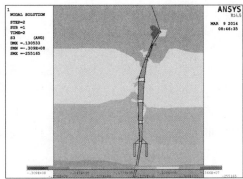

(b) 矿柱回收前水平应力

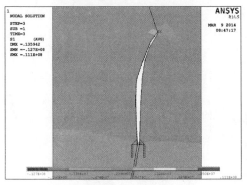

(c) 矿柱回收后垂直应力

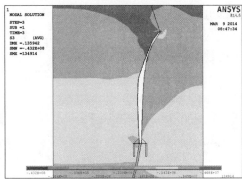

(d) 矿柱回收后水平应力

图 5.4 45 线剖面采空区主应力分布

矿柱时局部因压应力超强抗压强度的 40% 会发生岩爆，不处理采空区或卸压，开采深部矿体也必将发生岩爆[5,6]。

矿柱回收完后，采空区上下盘围岩拉应力一般不超过 0.556MPa，局部个别单元不超过 3.20MPa，压应力小于 14.30MPa，如图 5.4 所示。研究表明，矿柱回收完后形成的特大型联通采空区的围岩基本处于弱受压状态，仅局部微弱受拉，不实施采空区处理，采空区短期内不会自然塌落卸压。

根据上述采空区应力状态数值分析结果，发现各中段利用原有脉内巷道回采矿柱是不安全的，必须在下盘脉外 10m 处沿走向重新掘进巷道，并在间柱对应位置掘进穿过矿体的川脉。为了方便集中出矿，仅在 900m 水平下盘脉外巷道中沿矿体走向每间隔 8~10m 布置出矿川脉与采空区相连。回收矿柱，沿穿过矿体的穿脉用上向垂直深孔集中凿岩间柱，同时用水平深孔沿矿体走向集中凿岩未破断、垮塌的顶、底柱，并一次性大区微差爆破。每次沿走向爆破 1 根间柱及其两侧的残留顶、底柱。水平方向采用从矿体中间向两端退采；垂直方向采用上中段超前下中段回采，或上下中段同时大区微差爆破。900m 水平集中出矿，出不净的极少部分矿石作为深部开采的覆岩。矿柱回收后,及时在 900m 水平处理采空区并实施卸压开采。因此,实施急倾斜矿体开采的采空区处理与卸压开采,只需研究确定 900m 水平的压力拱拱宽,即其上盘脉外巷道的布置位置,需要脉外巷道底板爆破隔断开采的条数及隔断开采深度、隔断开采施工工艺。

5.2.2.2 巷道底板下向爆破的隔断开采深度研究

假设在 900m 水平上下盘脉外各离采空区边缘 10m 布置卸压施工巷道及矿柱回收运输巷道。采纳单元参数弱化来模拟 V 形松动爆破和巷道底板隔断开采。矿柱回收完后,上下盘巷道都向采空区 V 形爆破形成免压拱,这时采空区上下盘围岩拉应力从一般不超过 0.556MPa(图 5.4(a))增大到 2.63MPa(图 5.5(a)),可能引起采空区局部闭合或垮塌;深部待采矿体的垂直压应力一般介于 3.09~5.95MPa(图 5.5(a)),比 V 形切槽前的 4.74~7.38MPa(图 5.4(a))明显减小;水平压应力一般介于 9.04~18.2MPa(图 5.5(b)),比 V 形切槽前 14.3~19.1MPa(图 5.4(b))略有减小,但绝对值仍较大。可见,上下盘巷道都向采空区 V 形切槽松动爆破形成免压拱后深部待采矿体的垂直应力明显减小,但水平挤压力变化不明显,必须实施隔断开采,因为水平压应力大仍可诱发岩爆。

在上述 V 形切槽松动爆破的基础上,分别沿距采空区 10m 的上下盘脉外巷道底板垂直下向钻孔爆破形成深 10m、20m、30m 的爆破弱化隔断,深部待采矿体的卸压效果见表 5.2。从表 5.2 可见:隔断开采深度在 10m 以内时,深部待采矿体的压应力降低较快,超过 10m 后应力降低速率明显变慢,超过 20m 后应力降低速度几乎为 0。因此,综合分析应力降低效果及施工经费,取钻孔爆破的隔断开采深度不超过 20m。

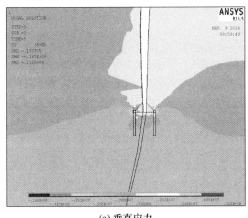
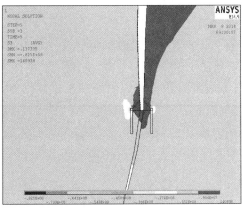

(a) 垂直应力   (b) 水平应力

图 5.5　45 线剖面采空区处理后主应力分布

表5.2　45线剖面不同隔断开采深度时深部待采矿体的压应力比较

方　案	深部相同埋深待采矿体的压应力/MPa	
	垂　直	水　平
未隔断开采	3.09~5.95	9.04~18.2
10m 深钻孔爆破隔断开采	2.80~5.14	4.94~15.4
20m 深钻孔爆破隔断开采	2.29~4.55	4.75~14.5
30m 深钻孔爆破隔断开采	2.15~4.38	4.75~14.5

5.2.2.3　上盘卸压施工巷道离矿体水平距离研究

在900m水平下盘脉外离采空区10m布置矿柱回收的脉外运输巷道后,分别在上盘脉外离采空区10m、20m、30m布置上盘卸压施工巷道。分别计算V形切槽处理采空区及巷道底板下向钻孔10m、20m、30m实施隔断开采时,深部待采矿体相同深度范围的最大压应力变化,见表5.3。

表5.3　45线剖面上盘巷道处在不同位置时深部待采矿体的压应力比较

上盘巷道离矿体的水平距离/m	深部相同埋深处待采矿体的最大压应力/MPa							
	V 形切槽		隔断 10m 深		隔断 20m 深		隔断 30m 深	
	垂直	水平	垂直	水平	垂直	水平	垂直	水平
10	5.95	18.2	5.14	15.4	4.55	9.63	4.38	9.64
20	4.99	21.1	3.61	15.5	3.33	12.0	3.21	11.7
30	5.36	16.4	4.78	15.3	4.38	10.2	4.25	10.5

从表5.3可见,上盘脉外巷道离采空区的水平距离小于20m与超过20m时,最大压应力变化规律正好相反,因此,取上盘脉外巷道离采空区的水平距离为20m。

上下盘脉外巷道离采空区分别为20m、10m,按提出的新方法实施采空区处理与卸压开采后,890~870m水平附近待采矿体的垂直压应力处于0.778~3.33MPa、水平压应力处于5.89~12.0MPa,900m水平附近待采矿体基本不受拉(图5.6),这较矿柱回收前(图5.3~图5.4)和矿柱回收后(图5.4)明显改算,远低于秦岭地区发生岩爆的应力条件(700m埋深、约20MPa)[6]。故应用本节提出的新方法实施该矿的采空区处理与卸压开采,能消除深部矿体开采的岩爆。

5.2.2.4　上下盘巷道同时 V 形爆破和底板隔断开采的必要性研究

在图5.6方案的基础上,开展如下三种仿真。即:(Ⅰ)仅下盘底板不实施

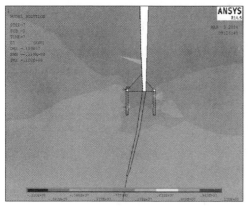 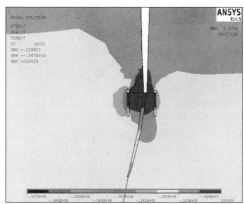

（a）垂直应力 （b）水平应力

图 5.6 45 线剖面采空区处理与卸压开采后主应力分布

隔断开采；（Ⅱ）下盘不实施隔断开采和 V 形切槽；（Ⅲ）仅上盘底板不实施隔断开采。计算结果见表 5.4。

表 5.4 45 线剖面 850~870m 水平待采矿体的压应力比较

压应力	图 5.6 方案	方案Ⅰ	方案Ⅱ	方案Ⅲ
垂直	5.88~3.33	5.93~3.32	5.41~2.79	8.64~5.26
水平	12.0~5.89	11.80~5.77	17.30~11.50	15.90~7.0

将方案Ⅰ~方案Ⅲ分别与图 5.6 方案比较，发现方案Ⅰ卸压效果与图 5.6 几乎相当，方案Ⅱ和方案Ⅲ的卸压效果较差。因此，应用提出的采空区处理与卸压开采新方法，必须同时在上下盘巷道向采空区 V 形切槽松动爆破，可只在上盘巷道底板实施隔断开采。

5.2.2.5 ANSYS 研究小结

（1）采用 BBC120 型钻机，应用急倾斜矿体开采的采空区处理与卸压开采新方法——上下盘脉外沿脉巷道同时向采空区 V 形切槽松动爆破，并在巷道底板松动爆破隔断开采，处理急倾斜薄至中厚采空区能实现深部卸压开采，并能杜绝在深部开采中发生岩爆。

（2）上下盘巷道离采空区边缘的水平距离分别为 20m、10m 时，V 形切槽松动爆破后形成的免压拱较矿体厚度宽 30m。

（3）可仅在上盘巷道底板实施深 20m 的松动爆破，实现隔断开采。

（4）前期开采设计脉内运输巷道时，仅取顶底柱厚 4m、间柱宽 3m、矿房长 47m 是不合理的，不能确保矿柱回采的安全。为了安全地多回收矿柱，必须重新掘进下盘脉外巷道。

（5）回收完矿柱后形成的特大型联通采空区短期内不会自然塌落卸压。为了确保矿柱回采及深部开采的安全，从上到下各中段矿柱回采完毕后，应立即在900m水平实施采空区处理与深部卸压开采。

5.2.3 FLAC³ᴰ分析[8]

通过接口软件，将5.2.2节建立的 ANSYS 模型转化为 FLAC³ᴰ的计算模型。FLAC³ᴰ应用摩尔—库伦准则，采用大变形计算模式，边界条件与计算荷载不变。以下所示的应力云图中，"−"均为压应力，"+"均表示拉应力，单位均为 Pa。

5.2.3.1 矿柱稳定性分析

900m 以上中段开挖，间柱及顶、底柱的应力分布云图如图 5.7 所示。

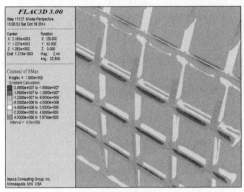
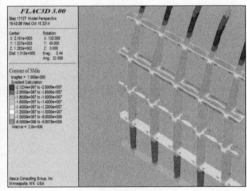

(a) 垂直应力　　　　　　　　　　　　　(b) 水平应力

图 5.7　矿柱主应力分布

从图 5.7 可见，矿体开挖后，间柱及顶、底柱都大量出现拉应力，最大拉应力出现在 1100m 中段，达 5.97MPa。在拉应力疲劳屈服或拉伸破坏下，局部顶底柱、间柱会发生失稳，这与现场地压显现相符。因此，可以得到与 ANSYS 分析一致的结论，即 900m 以上设计的顶底柱厚 4m、间柱宽 3m，矿房长 47m 是不合理的，不能确保脉内巷道稳定，安全回采矿柱还需下盘掘进脉外沿脉巷道及穿脉。

5.2.3.2 矿柱回采前后采空区稳定性评价

矿柱回采前后上盘、下盘围岩及深部矿体的应力分布云图如图 5.8 所示。900m 以下待采矿体在矿柱回收前水平压应力一般为 14.0~18.0MPa，局部最大达 21.2MPa；垂直压应力为 3.5~5.0MPa，最大达 20MPa。矿柱回收后，形成了900m 水平以上的整体大采空区，上下盘围岩拉应力一般为 0.5~2.0MPa，压应力一般为 5.0~14.0MPa。900m 以下待采矿体水平压应力一般为 14.0~20.0MPa，垂直压应力一般为 5.00~7.50MPa。由以上应力分析可知，尽管局部受拉，但拉应力小于抗拉强度，不进行采空区处理，短期内采空区不会自然塌落而卸压；但由于压应力过度集中，回收矿柱及深部开采时，局部可能发生岩爆[5,6]，必须对 900m 水平以上进行采空区处理，并对深部矿体进行卸压开采。

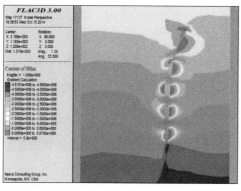
(a) 矿柱回采前垂直应力

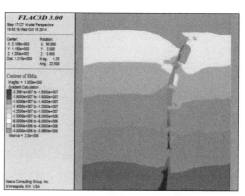
(b) 矿柱回采前水平应力

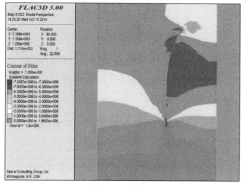
(c) 矿柱回采后垂直应力

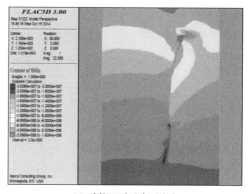
(d) 矿柱回采后水平应力

图 5.8 矿柱回采前、后采空区围岩及深部矿体的主应力分布

5.2.3.3 巷道底板的隔断开采深度研究

根据前面提到的施工方案，假定上下盘脉外巷道都距离采空区边缘 10m。分别在上下盘脉外巷道向采空区实施 V 形松动爆破形成免压拱，并在巷道底板下向凿深孔，松动爆破形成深部开采的弱化隔断，即隔断开采。

从图 5.9 可见，松动爆破形成 V 形弱化带之后，上下盘围岩拉应力略增大，从未施工前的 0.5~2.0MPa 增大到施工后的 0.5~2.63MPa，可能会引起上下盘围岩的倒塌闭合；深部待采矿体垂直压应力由未施工前的 5.0~7.5MPa 减小到施工后的 3.0~5.0MPa；水平压应力由未施工前的 14.0~20.0MPa 变为施工后的

12.5~20.0MPa。可见，V形切槽施工后垂直压应力减小，但水平压应力仍然较大，说明 V 形切槽形成的免压拱能明显减小垂直压应力，但对水平压力的减小无能为力，必须对深部实施隔断开采。

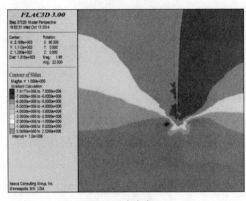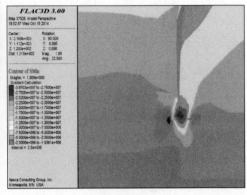

(a) 垂直应力   (b) 水平应力

图 5.9 采空区处理后的主应力分布

在巷道底板下向凿岩并松动爆破隔断开采。分别模拟钻孔深 10、20、30m，应力分布见表 5.5。

表 5.5 不同隔断开采深度时深部待采矿体的压应力比较

方　案	深部相同埋深待采矿体的压应力/MPa	
	垂　直	水　平
未隔断开采	3.0~5.0	12.5~20.0
10m 深钻孔爆破隔断开采	2.0~5.0	10.0~17.5
20m 深钻孔爆破隔断开采	2.0~5.0	7.5~17.5
30m 深钻孔爆破隔断开采	2.0~5.0	7.5~17.5

从表 5.5 可见，当隔断开采深度达 10m 时水平压应力降低很快，当隔断开采深度达到 20m 时水平压应力降低速度变慢，超过 20m 后压应力几乎不变。因此，综合考虑应力降低效果及施工成本，取隔断开采深度不超过 20m。

5.2.3.4 上盘卸压施工巷道离矿体水平距离研究

在下盘脉外离采空区水平距离 10m 掘进回收矿柱的沿脉运输巷道后，取上盘脉外巷道距离采空区边缘的水平距离分别为 10m、20m、30m，在 V 形爆破形成免压拱的同时，再分别在脉外巷道底板垂直下向 10m、20m、30m 深孔松动爆破形成隔断开采。仿真结果见表 5.6。

表 5.6 FLAC³ᴰ模拟上盘卸压巷道处在不同位置时深部待采矿体的压应力

上盘巷道离采空区的水平距离/m	深部相同埋深处待采矿体的最大压应力/MPa							
	V 形切槽		隔断深 10m		隔断深 20m		隔断深 30m	
	垂直	水平	垂直	水平	垂直	水平	垂直	水平
10	5.95	18.2	5.14	15.4	4.55	9.63	4.38	9.64
20	4.99	21.1	3.61	15.5	3.33	12.0	3.21	11.7
30	5.36	16.4	4.78	15.3	4.38	10.2	4.25	10.5

从表 5.6 和表 5.3 可见，两个软件模拟结果的变化规律趋于一致，上盘巷道距离采空区的水平距离从 10m 变化到 20m 时与从 20m 变化到 30m 时的趋势都正好相反。因此，上盘脉外巷道距离采空区边缘的水平距离取 20m。

总之，该铅锌矿应用急倾斜矿体开采的采空区处理与卸压开采方法时，上下盘距离采空区边缘的水平距离分别为 20m、10m，巷道底板垂直下向松动爆破的隔断开采深度为 20m。从图 5.10 可见，如此施工之后，在 890~870m 水平待采矿体的垂直压应力降为 0~3MPa，水平压应力降为 5.0~10.0MPa，900m 水平待采矿体基本不受拉，这较矿柱回收前有明显降低，远低于秦岭地区发生岩爆的应力条件（700m 埋深、原岩应力约 20MPa）[5,6]。因此，运用提出的采空区处理与卸压开采方法实施该铅锌矿 900m 以上的采空区处理与矿柱回采、900m 以下的深部开采，能消除岩爆隐患。

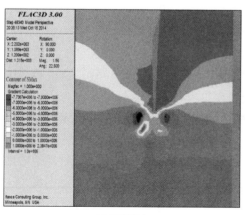
(a) 垂直应力

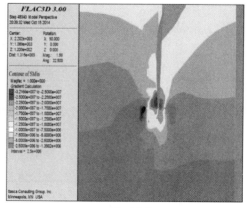
(b) 水平应力

图 5.10 采空区处理与卸压开采后主应力分布

5.2.3.5 上下盘巷道同时 V 形爆破和底板隔断开采的必要性研究

在图 5.10 方案的基础上，利用 FLAC³ᴰ分别研究如下 3 个方案，即：（Ⅰ）仅下盘底板不实施隔断开采；（Ⅱ）下盘不实施隔断开采和 V 形松动爆破；（Ⅲ）

仅上盘底板不实施隔断开采。计算结果见表5.7。

表5.7 FLAC^{3D}模拟850~870m水平待采矿体的压应力

表 5.7 FLAC^{3D}模拟 850~870m 水平待采矿体的压应力

压应力	图 5.10 方案	方案 I	方案 II	方案 III
垂直	4.0~2.0	4.0~2.0	5.0~3.0	6.0~4.0
水平	12.5~7.5	12.5~7.5	17.5~10.0	15.0~10.0

对比表5.7，发现方案 II 和方案 III 的结果与图5.10方案相差较大，方案 I 与图5.10方案相差不多。故必须在上下盘脉外沿脉巷道向采空区实施 V 形松动爆破，可仅在距离采空区水平距离 20m 的上盘脉外巷道的底板下向垂直实施 20m 深的隔断开采。

5.2.4 ANSYS 与 FLAC^{3D} 比较分析

对比 5.2.2、5.2.3 两节，发现矿柱回采前，两软件仿真的矿房顶底柱、间柱都大量出现拉应力，但最大拉应力 ANSYS 出现在 950m 中段，达 6.15MPa，FLAC^{3D} 出现在 1100m 中段，达 5.97MPa；1100m 水平以上间柱的水平压应力 ANSYS 最大达 30.9MPa、FLAC^{3D} 最大达 21.2MPa，垂直压应力 ANSYS 最大达 14.0MPa、FLAC^{3D} 最大达 20.0MPa；矿柱回收后，深部待采矿体水平压应力 ANSYS 一般达 14.3~19.1MPa，FLAC^{3D} 一般达 14.0~20.0MPa，垂直压应力 ANSYS 一般达 4.74~7.38MPa，FLAC^{3D} 一般达 5.0~7.5MPa。总之，现场开采的地压变化规律基本一致，但 ANSYS 较 FLAC^{3D} 局部应力偏大几乎达到50%。不过，岩体的内力是固定的，ANSYS 较 FLAC^{3D} 若第一主应力偏大，第三主应力必然偏小。

尽管应力模拟时 FLAC^{3D} 结果一般较保守，第一主应力 ANSYS 偏大，最大值可达 FLAC^{3D} 的 2 倍左右[9]，但两种模拟方法得出的规律基本一致。这说明文中提出的采空区处理与卸压开采方法在该铅锌矿是可行的。两软件的应力产生了较大偏差，可能是由于 FLAC^{3D} 许可产生大变形，从而导致了第一主应力部分释放。

由于 FLAC^{3D} 是针对岩土工程等非线性问题编制的软件，而 ANSYS 主要用于结构工程分析，一般认为 FLAC^{3D} 网格划分相对 ANSYS 要求不严格，对复杂的地质力学模型一般认为 FLAC^{3D} 的结果可信度更高，但 FLAC^{3D} 前处理功能不足[10]。ANSYS 拥有强大的前处理功能，且网格划分要求准确描述各物体几何形状及变形梯度[11]，因此，借用 ANSYS 的前处理功能可以弥补 FLAC^{3D} 的不足。

5.2.5 硬岩矿山采空区处理与卸压开采评价

按照 5.2.2.1 节讲述的矿柱回采方式，在下盘脉外 10m 处沿走向重新掘进脉外沿脉巷道，并在间柱对应位置掘进穿过矿体的穿脉，在 900m 水平下盘脉外巷道中沿矿体走向每间隔 8~10m 布置集中出矿的平底结构出矿穿脉。回收矿柱，沿穿过矿体的穿脉用上向垂直深孔集中凿岩间柱，同时用水平深孔沿矿体走向集中凿岩间柱两侧的上盘侧或下盘侧残留的顶、底柱，并顶底柱、间柱一次性大区微差爆破。

水平方向采用从矿体中间向两端退采；垂直方向采用上中段超前下中段回采，或上下中段同时大区微差爆破。上下盘脉外巷道向采空区实施 V 形切槽松动爆破，并同时实施上盘巷道底板的下向垂直深孔松动爆破，但前述 V 形切槽松动爆破与上盘巷道底板的松动爆破隔断开采至少滞后 900m 水平正出矿的平底结构 50~100m，确保爆破废石不混入爆落的矿石中，从而避免出矿损失与贫化。

现场实践表明，按照上述方式施工，可安全、高效地回收 75% 以上的矿柱；下盘脉外巷道距离采空区的水平距离为 10m，上盘脉外卸压巷道距采空区边缘的水平距离不超过 20m，上下盘脉外沿脉巷道同时向采空区实施 V 形切槽松动爆破，并同时仅在上盘巷道底板下向垂直深孔松动爆破形成深 20m 的隔断，消除了 900m 以下深部 850m 中段开采过程中的岩爆，矿柱回收率超过 75%。

应用该技术实施嵩县金牛有限责任公司的采空区处理与卸压开采，并钻孔爆破控制岩爆，2018 年以来，年创经济效益约 4200 万元。

5.3 软弱围岩的卸压开采与采空区处理方案研究

陕西震奥鼎盛矿业有限公司东塘子铅锌矿位于陕西省凤县县城东南直距 14km 处。矿区东起 64 线，西至 84 线，东西长 1000m（图 5.11），控制矿体标高 790~1060m。地形总体为北高南低，东高西低，海拔高度北侧最高为 2051m，东部最低为 1300m，一般高差 300~600m，地形坡度 20°~40°。

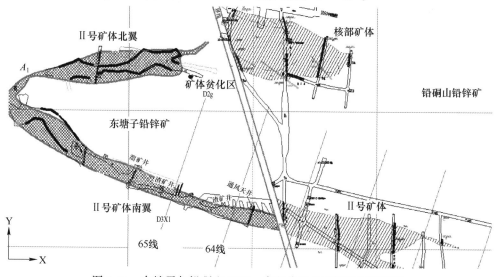

图 5.11　东塘子与铅硐山 1080m 中段分界处矿体对照平面图

东塘子铅锌矿矿区河流属嘉陵江水系。由北向南流经矿区的有东侧的星红峡河和西部的寺沟小河，由东向西流经矿区的有南面的东沟河。1430m 标高以下灰岩可视为隔水层，矿体上部为 400 多米厚的千枚岩隔水层，风化裂隙闭合都较好。由于埋藏深度大，灰岩和千枚岩隔断了地表水与地下水的水力联系，东塘子铅锌矿床仅在开拓时有降水渗入和风化裂隙水影响。目前地下采区基本干燥，地表降雨对地下开采无影响。

根据国家地震局 1986 年公布的"中国地震烈度区划图"，凤县地区属六度区。据宝鸡地震资料，该区属于地震活动特征频度低、强度弱地区。

由于开采深度较大，960m 中段及其以下巷道常常发生"剥洋葱皮"似的岩爆现象，960m 中段采场也常发生顶板千枚岩垮塌而导致贫化过大而无法正常开采，急需实施采空区处理与卸压开采。

目前东塘子铅锌矿仅开采了 64～70 线之间的 1110～960m 中段之间的 Ⅱ 号矿体，且采空区主要集中在 Ⅱ 号矿体南翼，暂未回收的矿柱主要集中在 Ⅱ 号矿体南翼 1010～960m 标高之间。矿体厚度为薄至中厚。因此，在 64～70 线之间 Ⅱ 号矿体南翼的 960m 中段（1010～960m 标高之间）实施采空区处理与卸压开采试验。

5.3.1 工程地质及开采现状调查

矿体完全隐伏于地下 500m 以下。矿体产状与围岩产状一致，总体走向为 285°，矿体南翼向南倾伏，局部直立，倾角为 65°～85°。矿体北翼向北倾，相对较缓，倾角一般小于 45°。鞍部矿体向西倾伏，倾伏角 18°～14°。

矿体上盘为千枚岩，下盘为灰岩。经过采样试验，并经过岩石参数的正交数值模拟折减研究[12]，得到的岩体物理、力学参数见表 5.8。依据伍法权的《统计岩体力学原理》，在上述围岩计算参数平均值的基础上，容重折减为 1/1.4，泊松比不变，弹性模量折减为 1/70，内摩擦角折减为 1/6，其他参数折减为 1/10，分别得到上盘千枚岩、下盘灰岩爆破弱化体的计算参数[4]，另外，由于采空区的充填体是上下盘围岩的混合体，按上下盘围岩的弱化参数取平均值得到采空区充填体的参数，见表 5.8。

表 5.8 岩体物理力学参数

岩（矿）体参数	密度 $\rho/g \cdot cm^{-3}$	单轴抗压强度 σ_c/MPa	抗拉强度 σ_t/MPa	变形模量 E/GPa	黏聚力 C/MPa	内摩擦角 $/(°)$	泊松比 μ
千枚岩（上盘）	2.80	15.82	0.89	11.37	3.73	34.37	0.24
铅锌矿	2.94	60.65	3.74	17.97	3.08	26.90	0.26
灰岩（下盘）	2.71	65.26	3.02	24.28	2.66	38.86	0.24
采空区充填体	1.97	4.05	0.20	0.255	0.32	6.10	0.24
上盘爆破弱化体	2.0	1.58	0.09	0.162	0.37	5.73	0.24
下盘爆破弱化体	1.94	6.53	0.30	0.347	0.27	6.48	0.24

三中段（1010m）及其以上的二中段（1060m）应用留分层顶柱的阶段矿房法回采，脉内布置中段巷道。在二中段沿脉巷道中，已经从南翼64线向68线后退，间隔采场回收了部分分层的间柱及中段巷道两侧的矿体，目前68线以东的矿柱回收已基本结束，矿柱回采完毕后的二中段以上部分分层顶柱基本破断，因而导致二中段至一中段（1110m）的局部采空区沿纵向基本贯通。由于地表废石场排放紧张，部分前期废石已经从二中段巷道排放到三中段64～65线的部分已回收矿柱的采空区中，但由于该中段的一分层顶柱基本完好，尽管崩落的间柱及巷道两侧的部分矿石因采空区悬空过高而未出干净，但矿石基本都未因千枚岩垮塌而贫化，崩落的尚未出净的矿石都堆放在四中段（960m）的顶柱上。由于三中段的二、三、四分层顶柱及上盘千枚岩已局部垮落，加上部分采空区被从二中段巷道排入的废石充填，65线附近至其以西的人行上山基本都已报废，不能深入采空区调查，但三中段巷道基本完整，未见明显的巷道开裂或垮塌。

四中段（960m）应用浅孔留矿法（回采南翼64～66线）或不留分层顶柱的分段空场法采矿，64～66线以下两盘脉外布置了中段运输巷道，应用平底结构铲运机出矿。67线以西暂时只施工了脉内运输巷道，有必要补充施工下盘脉外中段运输巷道及平底出矿结构，已施工的脉内巷道将作为未来采矿的中段拉底巷道。现场调查发现，四中段已开采完的南翼64～66线出矿穿脉的帮墙或中段运输巷道靠出矿穿脉侧，多处已出现受压剪切或劈裂现象（图5.12）；采区中段运

图 5.12　四中段受压剪切或劈裂的出矿穿脉侧帮墙

输巷道靠下盘侧除个别地点因裂隙影响而发生劈裂破坏外，其他基本未见破坏（图5.13、图5.14）。但该中段通向三中段的人行上山基本完好，可以从人行上山的各分层联络道进入采场观察已形成的采空区。

图5.13　四中段（960m）70线运输巷道靠下盘侧帮墙

图5.14　四中段（960m）井底车场巷道帮墙

四中段在开采过程中，上盘千枚岩常出现垮塌，地压显现明显比三中段加重。

五中段（910m）和六中段（860m）准备类似四中段（960m）应用浅孔留矿法或不留分层顶柱的阶段矿房法采矿，下盘脉外布置中段运输巷道，平底结构出矿。目前已施工脉外中段运输巷道的采场较少，有必要加快掘进进度，补齐中段脉外运输巷道后再实施采场上向采矿，平底结构出矿。现场调查发现，五中段未开采区巷道帮墙类似图5.12出现受压劈裂破坏的地点较四中段多，六中段出现受压劈裂破坏的点较五中段多且开裂、破坏的严重程度更甚，四中段以下盲斜并出现受压劈裂破坏的点随深度增加越来越多且越严重。

鉴于上述现状，实施急倾斜矿体开采的采空区处理与卸压开采研究显得十分迫切。

5.3.2 急倾斜采空区处理与卸压开采参数研究

由于下盘脉外运输巷道离采空区边缘的距离固定，依据急倾斜矿体开采的采空区处理与卸压开采方法的特点，结合 5.2 节的研究[7,8]，必须确定上盘脉外施工巷道的位置及上盘巷道底板下向垂直钻孔的深度等参数，并确定卸压开采的爆破施工方式。

5.3.2.1 上盘脉外施工巷道的位置探索

分别选取 65 线、68 线典型剖面展开数值模拟，如图 5.15 所示。假设 65 线 960m 中段以上采空区全部采空，形成整体贯通的采空区；68 线回收了 1010m 中段第一分层以上的部分分层顶柱、间隔采空区（采场）回收了 1010m 中段第一分层间柱，960 中段间隔采空区（采场）回收了间柱，未形成整体贯通的采空区。

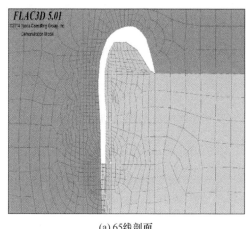
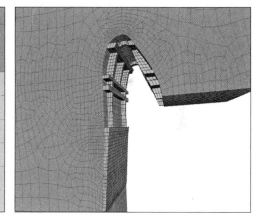

(a) 65 线剖面　　　　　　　　　　　　　　(b) 68 线剖面

图 5.15　计算剖面图

计算过程中，根据现场调查仅考虑重力应力场，除地面为自由边界外，其他边界都法向位移约束。960m 中段下盘脉外运输巷道离采空区边缘的水平距离为 10m 时，分别假定上盘脉外卸压巷道距离采空区边缘的水平距离为 10m、15m、20m、25m、30m，分别计算上下盘巷道同时朝向采空区实施 V 形切槽松动爆破后深部待采矿体在不同深度的垂直应力和水平应力变化，见表 5.9、表 5.10 及图 5.16、图 5.17。计算过程中，按表 5.8 取岩体及 V 形切槽松动爆破弱化体的参数。

从图 5.16 和图 5.17、表 5.9 和表 5.10 可见，上盘脉外卸压施工巷道距离采空区边缘的水平距离超过 20m 后，上下盘巷道同时朝向采空区实施 V 形切槽松动爆破形成免压拱，导致深部待采矿体在不同深度的垂直应力降低的幅度（曲线斜率）明显减小。考虑巷道离采空区边缘的水平距离越大，V 形切槽松动爆破的施工费用越高，初步取上盘脉外卸压施工巷道距离采空区边缘的水平距离为 20m。

继续计算 910~960m 都采空后，上盘巷道处在不同位置时，巷道底板距离上盘千枚岩塑性区的距离，如图 5.18 所示。

表 5.9 65 线剖面不同方案的深部矿体不同位置的应力比较

方案	950m		940m		930m		920m		910m	
	σ_{yy} /MPa	σ_{xx} /MPa	σ_{yy} /MPa	σ_{xx} /MPa	σ_{yy} /MPa	σ_{xx} /MPa	σ_{yy} /MPa	σ_{xx} /MPa	σ_{yy} /MPa	σ_{xx} /MPa
0m	−8.3	−12.4	−12.9	−10.2	−14.6	−9.1	−16.4	−8.8	−19	−8.9
10m	−5.7	−10.3	−9.7	−9.8	−12.2	−9.1	−14.6	−9	−18	−9.1
15m	−4.2	−8.7	−7.8	−9	−10.5	−9	−13.3	−9.1	−16.7	−9.3
20m	−3.2	−6.9	−6.1	−7.8	−8.8	−8.6	−11.8	−9	−15.4	−9.5
25m	−2.9	−5.9	−5.3	−7	−7.9	−8.1	−10.7	−8.8	−14.3	−9.4
30m	−2.7	−5.2	−4.8	−6.2	−7.2	−7.6	−10.2	−8.5	−13.9	−9.2

注：σ_{yy} 为垂直应力，σ_{xx} 为水平应力；"0m" 为未卸压状态。

表 5.10 68 线剖面不同方案的深部矿体不同位置的应力比较

方案	950m		940m		930m		920m		910m	
	σ_{yy} /MPa	σ_{xx} /MPa	σ_{yy} /MPa	σ_{xx} /MPa	σ_{yy} /MPa	σ_{xx} /MPa	σ_{yy} /MPa	σ_{xx} /MPa	σ_{yy} /MPa	σ_{xx} /MPa
0m	−10.2	−9.33	−14.5	−9.72	−14.9	−8.75	−15.6	−8.39	−16	−8.35
10m	−0.95	−5.09	−8.02	−9.79	−10.55	−9.52	−13	−9.16	−14.1	−8.97
15m	0.69	−3.57	−5.39	−8.91	−7.88	−8.89	−11.1	−9.36	−12.8	−9.33
20m	1.27	−2.34	−3.66	−8.19	−5.99	−8.18	−9.09	−9.03	−11.3	−9.39
25m	1.45	−1.44	−2.67	−7.59	−4.64	−7.76	−7.83	−8.6	−10	−9.18
30m	1.41	−0.97	−2.06	−6.98	−3.69	−7.32	−6.63	−8.18	−8.7	−8.85

注：σ_{yy} 为垂直应力，σ_{xx} 为水平应力；"0m" 为未卸压状态。

从图 5.18 中可见，上盘巷道距采空区边缘的水平距离超过 20m 后，上盘巷道距塑性区的距离（曲线斜率）明显增大。

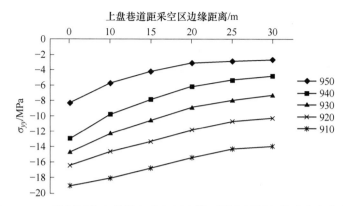

图 5.16 65 线剖面上盘巷道离采空区边缘不同水平距离的垂直应力变化

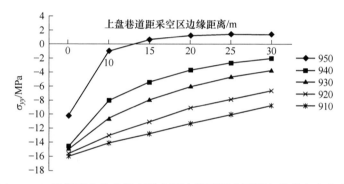

图 5.17 68 线剖面上盘巷道离采空区边缘不同水平距离的垂直应力变化

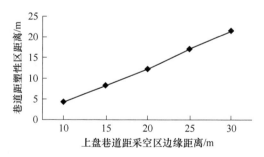

图 5.18 上盘巷道距塑性区距离随其距采空区边缘水平距离的变化

综上所述，既为了确保 V 形切槽松动爆破的施工费用较低，也为了确保上盘巷道施工、松动凿岩及未来 910~960m 采矿的安全——不至于因塑性区贯通上盘巷道与 960m 水平以下的采空区顶板，或上盘巷道底板卸压的隔断开采空间与 960m 以下采空区的顶板，上盘脉外卸压施工巷道距离采空区边缘的水平距离取 25m。

5.3.2.2   上盘巷道底板的隔断开采深度探索

960m 中段下盘脉外运输巷道离采空区边缘的水平距离为 10m 时，上盘脉外卸压施工巷道距离采空区边缘的水平距离取 25m，上下盘同时向采空区进行 V 形松动爆破形成免压拱后，分别计算上盘底板隔断开采的深度为 10m、15m、20m、25m、30m 时，深部矿体不同深度范围的水平应力变化。如图 5.19 和图 5.20 所示。

计算过程中，按表 5.8 取岩体、V 形切槽及隔断开采的松动爆破弱化体的参数。从图 5.19 和图 5.20 可见，仅仅按表 5.8 弱化千枚岩隔断开采的松动爆破参数，隔断开采降低水平应力的效果不明显。在表 5.8 的基础上，更大幅度地弱化隔断开采的松动爆破参数，将容重折减为 1/1.5，泊松比不变，弹性模量折减为1/100，内摩擦角折减为 1/10，其他参数折减为 1/20，其他条件不变，重复图5.19 和图 5.20 的计算，结果见图 5.21 和图 5.22。

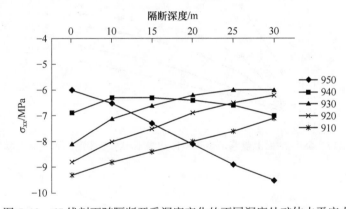

图 5.19   65 线剖面随隔断开采深度变化的不同深度处矿体水平应力

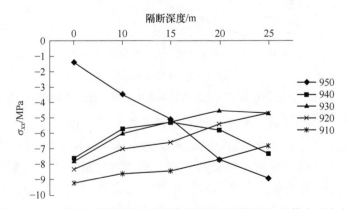

图 5.20   68 线剖面随隔断开采深度变化的不同深度处矿体水平应力

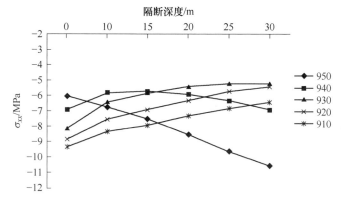

图 5.21　变参后 65 线剖面随隔断开采深度变化的不同深度处矿体水平应力

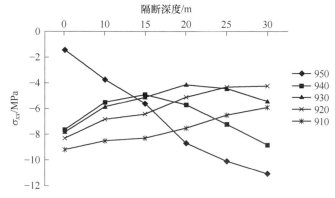

图 5.22　变参后 68 线剖面随隔断开采深度变化的不同深度处矿体水平应力

图 5.21 和图 5.22 隔断开采降低水平应力的效果仍然不明显。综上所述，用松动爆破实施 V 形切槽并形成深部开采的卸压拱，卸压效果不明显；尽管李俊平等[7,8]在上盘硬岩中松动爆破形成隔断开采，成功降低了厂坝铅锌矿深部开采的水平应力，但类似上述在上盘千枚岩等软弱岩石中松动爆破形成隔断开采时，不能明显降低深部开采的水平应力。这可能是仅降低参数，仍然实施连续计算，对集中应力相对较低的情况及参数本来就不高的软弱岩石，参数相对变化不大的原因。因此，在隔断开采中，要明显降低本来就不很高（10MPa 左右）的水平应力，必须实施非连续计算，即先开挖出上盘隔断开采部分的岩石，然后按表 5.8 上盘爆破弱化体的对应参数填充该隔断开采部分，计算结果如图 5.23 和图 5.24 所示。

从图 5.23 和图 5.24 可以看出，采用开挖并填充的方式实施隔断开采计算，随着钻孔深度的增加，隔断开采深度超过 15m 后 950~920m 标高矿体的水平压应力明显降低，斜率明显增大；尽管 910m 标高矿体的水平压应力在隔断开采深度

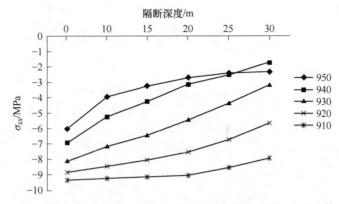

图 5.23 开挖并填充后 65 线剖面随隔断开采深度变化的不同深度处矿体水平应力

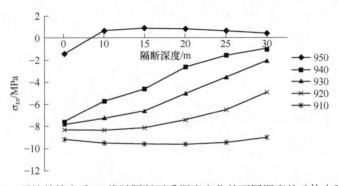

图 5.24 开挖并填充后 68 线随隔断开采深度变化的不同深度处矿体水平应力

小于 20m 时微弱增大，但隔断开采深度超过 20m 后其水平压应力也明显降低。因此，根据施工成本和应力降低效果综合考虑，上盘卸压巷道底板的隔断开采的钻孔深度应不小于 20m。

由于隔断开采卸压必须开挖并填充，底板钻孔爆破隔断开采时，应确保隔断开采部位充分松动与部分抛出，因此，应取 2 排排距 2m、孔间距 3.0~3.5m 深 20m 的装药爆破炮孔，并在 2 排装药孔中间布置一排钻孔间距 2m、深 20.5~21m 的不装药空孔，空孔底部装药长 0.5~1.0m，并相比装药孔延迟 25~50ms 爆破，确保隔断开采部位充分松动。

5.3.3 急倾斜采空区矿柱回收与卸压开采效果评价

由于该矿山前期矿柱回采方法不恰当，致使大量矿柱残留采场而无法经济、安全地回收。为了解决上述问题，并避免或消除深部开采的地压灾害，采用间隔间柱抽采法回采矿柱，并在间柱中布置分层顶柱及中段顶柱的水平深孔凿岩硐室，以便水平深孔爆破同时回收间柱两侧的顶柱。矿柱回收，采用集中凿岩，一次性微差爆破落矿，在960m中段的平底结构中集中出矿。

出矿的同时，在上盘施工巷道向采空区施工V形深孔、底板隔断开采的深孔，出矿结束后也在下盘出矿巷道向采空区施工V形深孔。凿岩完毕后一次性微差爆破松动上下盘巷道到采空区的V形部分围岩，以便形成以上下盘巷道帮墙为拱角的压力拱，同时充分松动上盘巷道的底板，形成深度超过20m的隔断，实现深部卸压开采。

以下应用有限差分软件FLAC^{3D}模拟东塘子铅锌矿960m中段矿柱回收、V形切槽松动爆破、深部隔断开采（卸压开采）及相邻采空区的分隔间柱再回收1/3、1/2或2/3时的矿柱和顶板应力分布，从而评价矿柱回收、卸压开采的安全可靠性，判断临近采空区可能安全回收分隔间柱的比例，以便科学地指导安全、经济、合理地回收更多矿柱。

为了探索上述宏观规律，排除单元划分、计算建模等造成的畸变，结合现场实际，将采场尺寸统一为：矿房长41m，矿柱宽9m，模型走向方向长250m。计算参数见表5.8。地表和开挖后的矿柱表面采纳自由边界，立体模型的其他5面采纳法向位移约束。

5.3.3.1 间隔间柱抽采的稳定性评价

间隔抽采矿柱后，矿柱、上盘顶板应力分布如图5.25、图5.26所示。从图中可见：除了1010m中段第一分层及960m中段顶柱上表面个别单元受拉不超过1MPa外，1010m中段以下的矿柱表面应力基本都处于拉压平衡状态，即矿柱间隔抽采后，1010m中段以下的保留矿柱不会垮塌，能确保出矿安全；但是，上盘千枚岩局部拉应力达到0.64MPa，达到其抗拉强度的72%，不加快出矿过程，受拉的上盘千枚岩会因长期疲劳破坏而冒落，造成出矿贫化。

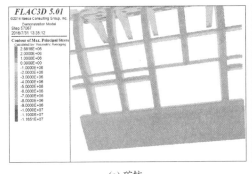
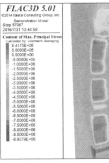
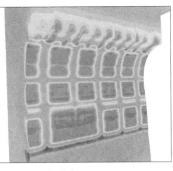

(a) 矿柱　　　　　　　　　　　　　　(b) 上盘

图 5.25　65 线矿柱、上盘千枚岩顶板最大主应力分布

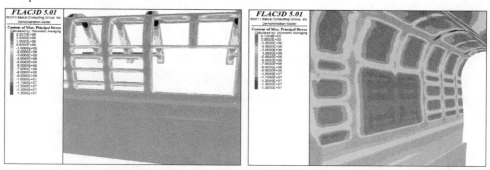

(a) 矿柱　　　　　　　　　　　　　　　　(b) 上盘

图 5.26　68 线矿柱、上盘千枚岩顶板最大主应力分布

5.3.3.2　间柱抽采后单一采空区卸压开采的效果评价

在 960m 中段的平底结构中出完一次性微差爆破回收的矿柱后，上下盘巷道同时向采空区实施 V 形松动爆破，并在上盘底板实施超过 20m 深度的强松动爆破，这样对 910m 中段形成免压拱及隔断开采后，910m 中段的应力明显降低，如图 5.27、图 5.28 所示。

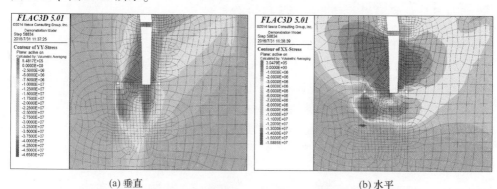

(a) 垂直　　　　　　　　　　　　　　　　(b) 水平

图 5.27　65 线卸压后应力分布

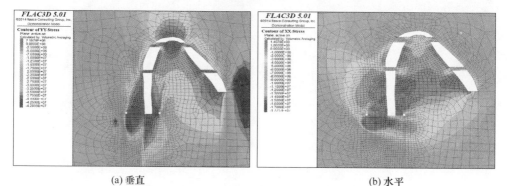

(a) 垂直　　　　　　　　　　　　　　　　(b) 水平

图 5.28　68 线卸压后应力分布

从图 5.27、图 5.28 可见，卸压开采，即 V 形松动爆破并上盘底板强松动隔断开采后，深部 910~960m 之间矿体的垂直应力都降低到约 2MPa，水平应力降低到约 9MPa，这基本消除了 910m 中段开采时发生岩爆的应力条件；但间隔采场回收 1 根间柱及其 2 侧顶柱，并卸压开采后，采空区上盘的千枚岩会大面积受拉（图 5.28）破坏、垮塌，进而充填已经回采并卸压开采后的采空区。

5.3.3.3 临近采场分隔间柱的安全回采比例探索

为了避免间隔采空区回收矿柱并卸压开采后垮塌的千枚岩贫化相邻采空区中矿柱爆破产生的矿石，临近采场的分隔间柱必须保留一部分，以便隔开垮塌的千枚岩。应用 FLAC³ᴰ 数值模拟临近采空区回收分隔间柱的比例分别为其宽度的 1/3、1/2 或 2/3 时，矿柱、上盘的应力分布。65 线如图 5.29 和图 5.30 所示。

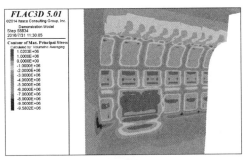
(a) 回收1/3

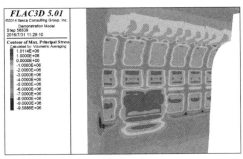
(b) 回收1/2

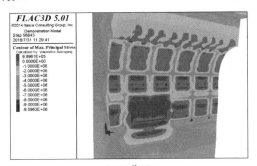
(c) 回收2/3

图 5.29 65 线临近采空区中分隔间柱部分回采后上盘最大主应力分布

从图 5.29 和图 5.30 可见，从矿柱抽采后的临近采空区回收分隔间柱宽度的 1/3 或 1/2 后，尽管该间柱剩下的部分不可能倒塌，但临近采空区的上盘千枚岩微弱受拉，拉应力不超过 0.41MPa，受拉深度不超过 2.6m（图 5.31）；回收 2/3 宽度的分隔间柱后，间柱剩余部分可能倒塌，临近采空区的上盘千枚岩微弱受拉，拉应力不超过 0.42MPa，受拉深度不超过 2.8m（图 5.31）。

从图 5.31 还可见，65 线在一个采空区中间隔抽采完矿柱并卸压开采后，其

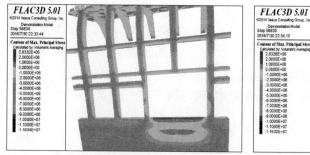

(a) 回收1/3   (b) 回收1/2

(c) 回收2/3

图 5.30 65 线临近采空区中分隔间柱部分回采后矿柱最大主应力分布

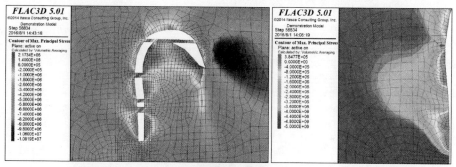

(a) 矿柱回收1/3

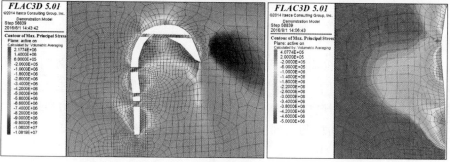

(b) 矿柱回收1/2

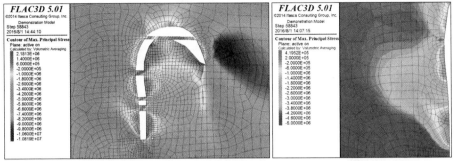

(c) 矿柱回收2/3

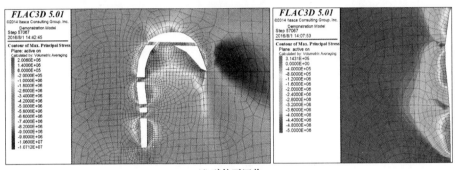

(d) 矿柱不回收

图 5.31 65 线临近采空区中分隔间柱不回采及回采不同比例时上盘应力分布

相邻采空区中分隔间柱从不回采到回采宽度的 1/3→回采宽度的 1/2→回采宽度的 2/3 时，该临近采空区的上盘千枚岩顶板的拉应力从 0.314MPa 逐步增大到 0.420MPa，拉应力出现的深度从 2.4m 逐步增大到 2.8m，但回采 2/3 宽度的分隔间柱后，剩余 1/3 宽度的分隔间柱都处于拉压平衡状态或微弱受拉状态（图 5.30（c）），在 V 形松动爆破冲击等作用下容易倒塌，已抽采采空区中的垮塌围岩混入临近采空区，导致临近采空区在矿柱抽采时发生贫化，甚至不能安全抽采。因此，其相邻采空区的分隔间柱的回采比例不应超过间柱宽度的 1/2。为了避免深约 2.6m 的微弱受拉的千枚岩因长期受拉疲劳破坏而垮塌，回采 1/2 宽度的该分隔间柱应与该采空区将要继续抽采的间柱及顶柱同时凿岩，集中一次性微差爆破。

68 线附近采用留分层顶柱的留矿法回采，采空区中除了像 65 线那样留有间柱及顶柱外，还在垂高上间隔 10m 左右留有 4m 厚的分层顶柱支撑上下盘围岩，因此，同样地回采相邻采空区中分隔间柱宽度的 1/3、1/2、2/3 时，剩余间柱从不受拉逐步变成拉压平衡状态或微受拉，如图 5.32 所示，残留 1/3 宽度的间柱可能因 V 形松动等损伤而倒塌。因此，相邻采空区中分隔间柱的回采宽度也不应超过 1/2。

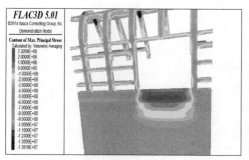 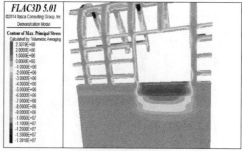

(a) 回收1/3　　　　　　　　　　　　　　(b) 回收1/2

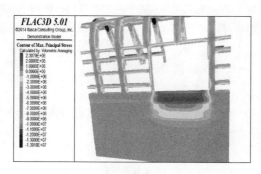

(c) 回收2/3

图5.32　68线临近采空区中分隔间柱部分回采的矿柱最大主应力分布

　　由于68线附近采用留分层顶柱的留矿法回采，留有分层顶柱，且回采相邻采空区中一定宽度的分隔间柱时，分层顶柱和顶柱先不会与分隔间柱同时爆破。由于分层顶柱的支撑作用，上盘千枚岩基本不受拉，如图5.33所示，因此抽采1/2宽度的分隔间柱可不与该采空区中将要继续抽采的矿柱同时微差爆破。

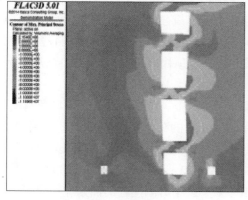 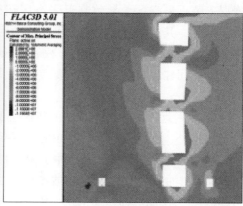

(a) 不回收　　　　　　　　　　　　　　(b) 回收2/3

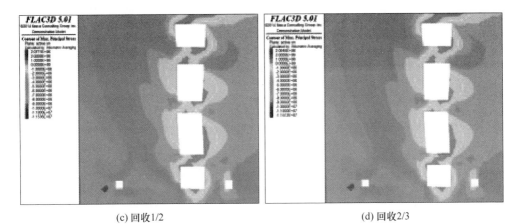

(c) 回收1/2　　　　　　　　　　　　　(d) 回收2/3

图 5.33　68线临近采空区中分隔间柱部分回采的顶板最大主应力分布

5.3.3.4　两相邻采空区都间隔间柱抽采并卸压开采的效果评价

两相邻采空区都间隔间柱抽采并卸压开采后（图 5.34 和图 5.35），中间残留的 1/2 宽度的分隔间柱基本处于全断面拉压平衡状态，在 V 形松动爆破冲击等

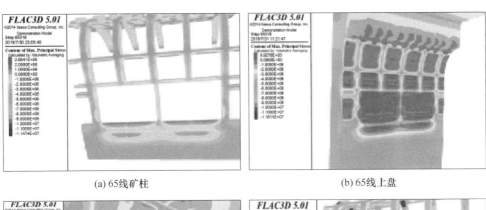

(a) 65线矿柱　　　　　　　　　　　　(b) 65线上盘

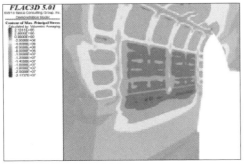

(c) 68线上盘　　　　　　　　　　　　(d) 68线矿柱

图 5.34　两相邻采空区都间隔间柱抽采并卸压的最大主应力分布

作用下，可能发生倒塌；抽采矿柱后的上盘千枚岩顶板普遍受拉，最大拉应力一般接近千枚岩的抗拉强度，可见，上盘千枚岩会垮塌而充填卸压开采后的采空区。因此，相邻两采空区都间隔抽采间柱并卸压开采后，960m 中段采空区被成功处理，基本实现了垮塌的千枚岩或残留矿柱充填采空区，从而消除了顶板冲击地压隐患。

两相邻采空区都间隔间柱抽采并卸压开采，即 V 形松动爆破形成免压拱并上盘施工巷道的底板充分松动爆破后，深部 910~960m 之间矿体的垂直应力都降低到约 2MPa，水平应力都降低到约 9MPa，基本消除了 910m 中段开采时矿体和下盘灰岩发生岩爆的应力条件。65、68 线附近两相邻采空区都间隔间柱抽采并卸压开采的顶板主应力分布如图 5.35 所示。

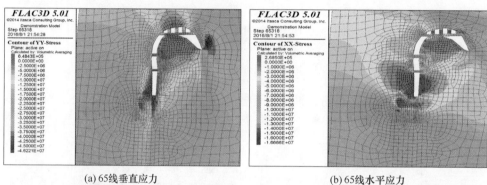

(a) 65线垂直应力　　　　　　　　　　　　(b) 65线水平应力

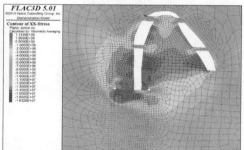

(c) 68线垂直应力　　　　　　　　　　　　(d) 68线水平应力

图 5.35　两相邻采空区都间隔间柱抽采并卸压开采的顶板主应力分布

5.3.4　矿柱回收及卸压开采的施工顺序与炮孔布置

根据上述研究，对 1010m 中段以下未回采矿柱的急倾斜采空区，按如下顺序回收矿柱及地压控制（图 5.36）：首先从东塘子与铅硐山分界（1 号间柱）处开始向西后退回收 2 号间柱及其 2 侧的顶柱（图 5.36（a）），然后类似图 5.36（b）实施 V 形切槽及上盘巷道底板的下向深孔充分松动爆破隔断开采，之后回收 4 号间柱及其 2 侧的顶柱和 3 号间柱的左半部分（图 5.36（a）中深色），最后又类似图 5.36（b）实施 V 形切槽及上盘巷道底板的下向深孔充分松动爆破隔断开采。如此向西后退间隔间柱抽采并进行采空区处理与卸压开采，直至矿柱抽采并采空区处理与卸压开采完毕。

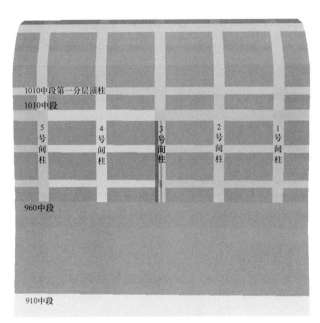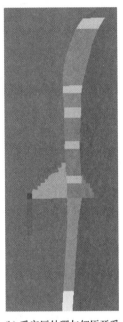

(a) 矿柱回收顺序   (b) 采空区处理与卸压开采

图 5.36 矿柱回收及卸压开采示意图

由于 1010m 中段仅按传统办法间隔间柱抽采了第一分层顶柱以下的间柱，且采用脉内出矿，部分崩落的矿石还残留在 960m 中段的顶柱上未出干净。随着 960m 中段矿柱（间柱、顶柱）回收，上述残留的矿石一起垮落到 960m 中段的平底结构中出矿。

无论矿柱回收还是地压控制，都按图 5.36 及上述的施工步骤，分次凿岩、一次性大区微差爆破。在 960m 中段的平底结构中出矿时，可以同时施工该采空区对应的上盘、下盘巷道中的 V 形深孔、底板隔断开采深孔，一般先施工上盘深孔，等矿石快出净时再施工下盘 V 形深孔，以便不影响下盘脉外巷道及平底结构出矿。间柱及顶柱回收的钻孔及凿岩硐室布置分别如图 5.37、图 5.38 所示。

为回收厚度小于 3~5m 的薄矿体开采后残留的间柱和顶柱，如图 5.37 布置凿岩硐室及炮孔，沿矿体走向布置间柱两侧顶柱回收的凿岩硐室。为回收厚度约 5m 以上的中厚矿体开采后残留的间柱和顶柱，如图 5.38 布置凿岩硐室及炮孔，垂直矿体走向布置间柱两侧顶柱回收的凿岩硐室。凿岩硐室的断面尺寸依据深孔凿岩设备而定，一般不小于 2.5m×2.8m，其中宽度为 2.5m。

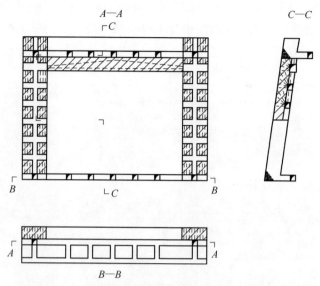

图 5.37   薄矿体矿柱回收的凿岩硐室及炮孔布置

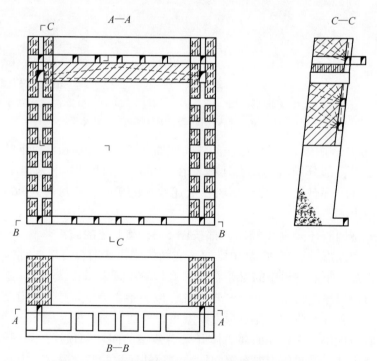

图 5.38   中厚矿体矿柱回收的凿岩硐室及炮孔布置

间柱的各分层扇形浅孔或中深孔的排距，应根据生产实际确定，一般排距不大于 1.0m。为了确保顶柱中水平或略倾斜深孔的凿岩安全，一般先施工深孔凿岩硐室和 2 排扇形深孔，然后再在其下的分层浅孔或中深孔凿岩。等所有钻孔施工完毕后，集中装药，一次性大区微差爆破崩落顶柱和间柱，集中在 960m 中段底部的平底结构中出矿。

采用留分层顶柱的留矿法开采时，对薄矿体和中厚矿体都分别类似上述在分层顶柱处的间柱上布置间柱两侧分层顶柱回收的凿岩硐室；与上述不同的是，只需布置一排水平或略倾斜的扇形深孔。为了确保深孔凿岩的施工安全，该凿岩硐室的底板保留的间柱厚度不应小于 2m；若底板还出现明显开裂，或者深孔凿岩设备的重量和施工振动过大，安装深孔凿岩设备前，有必要用钢梁加固底板。

5.3.5 勘探线 64-70 间补充施工的巷道工程设计

由于 1010m 中段（三中段）沿袭老方法不规则地采矿，因而未布置下盘脉外运输巷道。为了安全、高效、方便地实施矿柱回收、采空区处理与卸压开采凿岩爆破施工，不仅要施工 960m 中段（四中段）的上盘脉外施工巷道，也要施工三中段的下盘脉外运输巷道。巷道实际布置的设计如图 5.39 所示。

因为 1010m 中段Ⅱ号矿体南翼 66~64 线已回采结束，留下的采空区内出现垮塌、片帮现象，目前已对采空区实施封闭处理，另外，以前不规则回采三中段时也未布置下盘脉外运输巷道，为了确保自上而下在 960m 中段 64.5 线行人天井的各分层中维修、施工的行人安全，也便于矿柱回收、采空区处理及卸压开采后好沿 1010m 中段向处理过的采空区排放废石，必须在三中段下盘脉外 8~10m 处施工 66~64 线下盘脉外沿脉巷道，巷道规格为 2.5m×2.5m（图 5.39（a））。设计的巷道总长度约为 94m。

根据 5.3.2 节的研究结论，离采空区上盘边界水平距离 25m，必须在 64~66 间施工上盘卸压开采的凿岩施工巷道，该巷道规格为 2.7m×2.8m。66 线西、64 线处两侧联络道规格同图 5.39（a）取 2.5m×2.5m（图 5.39（b））。设计的联络巷道总长约为 78m，卸压施工巷道总长约为 122m。

5.3.6 软弱围岩矿山采空区处理与卸压开采评价与建议

2016 年 4 月，陕西震奥鼎盛矿业有限公司邀请西安建筑科技大学李俊平专门开展"矿柱回收、采空区处理与地压控制"研究，李提出钻孔爆破卸压（见第 1 章）并预应力锚网支护控制巷道地压，急倾斜矿体开采的采空区处理与卸压开采方法回收矿柱、处理采空区并实现深部采场卸压开采。应用上述研究成果，年节省巷道支护与返修经费约 1000 万元；年多残采矿石约 10 万吨，带来直接经济效益约 2000 万元；年减小贫化率约 10%，减小损失率约 10%，共带来经济效益约 540 万元；年节省采场支护经费 1500 万元。试验采场的矿体实际总回采率达到 92%。总之，应用上述地压控制技术，每年可为该公司带来经济效益约 5040 万

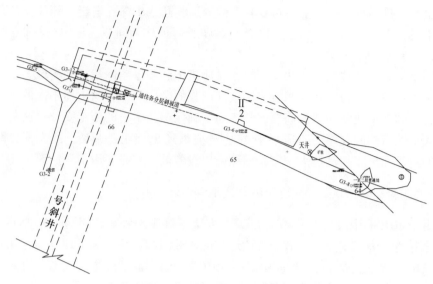

(a) 三中段下盘脉外联络、运输巷道

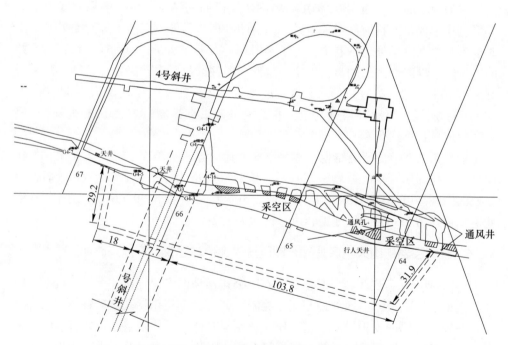

(b) 四中段上盘脉外的采空区处理与卸压开采施工巷道

图 5.39　64-70 线补充施工的巷道布置设计图

元，消除了 910m 中段开采时发生岩爆的应力条件。

　　研究和试验表明，在千枚岩这类相对灰岩软弱的围岩中实施下向深孔爆破隔断开采时，必须充分松动爆破，否则，围岩强度降低的绝对值相对灰岩等硬岩小很多，卸压开采的效果不好。为了确保实现充分松动爆破，建议在上盘千枚岩中的巷道底板钻 3 排排距 1m 的炮孔。其中两边的排内炮孔间距取 3.0~3.5m、深 20m，为装药爆破炮孔（按孔径 110~140mm 的潜孔钻设计）；中间排的炮孔间距取 2m、深 20.5~21m，为不装药空孔，空孔仅底部装长约 0.5~1.0m 的炸药，并相比装药孔延迟 25~50ms 爆破，确保隔断开采部位充分松动。

简易 V 形松动爆破，每组 V 形断面分别布置倾角 15°~22.5° 及水平的 2~3 个深孔即可；若炮孔直径为 70~90mm 时，每组 V 形炮孔之间的间距一般约为 3m。上盘巷道中施工的 2~3 个扇形（V 形）炮孔的长度一般约为 22m、22.5m、23m，下盘巷道中施工的 2~3 个扇形（V 形）炮孔的长度一般约为 7m、7.5m、8m，因为下盘巷道到采空区边缘的水平距离为 10m。

间隔抽采矿柱后，1010m 中段第一分层顶柱及其以下保留的矿柱不会发生冒落，但上盘局部千枚岩会因长期拉伸疲劳破坏而垮塌。因此，间隔抽采矿柱后，建议加快出矿进度，并应用声发射技术预测顶板冒落，避免采空区顶板长期暴露、垮落而造成贫化。

回收过矿柱的相邻采空区中分隔该采空区的分隔间柱，其回采宽度不应超过 1/2。采用留矿法或阶段矿房法开采形成的采空区，由于无分层顶柱支撑上盘千枚岩，回采部分分隔间柱后，上盘千枚岩局部微弱受拉（不超过 0.41MPa），因长期拉伸疲劳破坏会发生垮塌而造成贫化，因此，抽采两个大采空区间的 1/2 宽度的分隔间柱，建议与下一个抽采矿柱同时凿岩，一次性微差爆破，以便减少悬空暴露的时间。采用留分层顶柱的留矿法回采形成的采空区，尽管有分层顶柱支撑上盘千枚岩，抽采 1/2 宽度的分隔间柱，凿岩爆破可以不受下一个抽采间柱的限制，但为了减少爆破振动的影响，也避免多次爆破而造成矿柱、上盘千枚岩垮塌，建议类似上述无分层顶柱时一样，也要与下一个抽采矿柱同时凿岩，一次性微差爆破。

实践表明，相邻两采空区都间隔抽采矿柱并卸压开采后，960m 中段采空区被成功处理，基本实现了垮塌的千枚岩或残留矿柱充填采空区，从而消除了采空区隐患，实现了 910 中段的卸压开采。

5.4　本章小结

实施急倾斜矿体开采的采空区处理与卸压开采方法，实现采空区的深部卸压开采，必须如下确定施工参数及工艺：

（1）上盘脉外卸压施工巷道距采空区边缘的水平距离，取决于压力拱的拱宽及该巷道底板与采空区间的塑性区是否贯通，既要达到形成压力拱的目的，也要确保巷道中作业时不会发现底板下陷。

（2）上盘脉外卸压施工巷道的底板爆破隔断开采的深度，取决于深部集中应力的降低程度，要确保深部集中应力降低到矿体抗压强度的 30% ~ 40% 以下，以便深部开采失去岩爆发生的应力条件。

（3）沿上下盘脉外巷道向采空区同时实施简易 V 形松动，就能形成免压拱。

（4）在硬岩矿山，仅上盘巷道的底板深孔爆破，就能形成隔断开采空间，隔离压力拱拱脚传导下来的应力，从而大幅度降低深部开采的地压。由于硬岩强度较高，松动爆破的松散体的强度与其差异较大，仅松动爆破就能实现隔断开采；强度较低的软弱岩体，其强度与松动爆破松散体的差异不大，必须充分松动或抛掷，才能实现底板隔断开采。

参 考 文 献

[1] 尹贤刚，李庶林，唐海燕，等．厂坝铅锌矿岩石物理力学性质测试研究 [J]．矿业研究与开发，2003，23（5）：12-13.

[2] 吴永博，高谦，杨志强，等．厂坝露天矿边坡工程地质研究与岩体力学参数预测 [J]．工程地质学报，2007，15（S1）：304-311.

[3] 闫长斌，徐国元．对 Hoek-Brown 公式的改进及其工程应用 [J]．岩石力学与工程学报，2005，24（22）：4030-4035.

[4] 李俊平．缓倾斜采空场处理新方法及采场地压控制研究 [D]．北京：北京理工大学，2003.

[5] 李俊平，陈慧明．灵宝县豫灵镇万米平硐岩爆控制试验 [J]．科技导报，2010，28（18）：57-59.

[6] 李俊平，王石，柳才旺，等．小秦岭井巷工程岩爆控制试验 [J]．科技导报，2013，31（1）：48-51.

[7] 李俊平，王晓光，王红星，等．某铅锌矿采空区处理与卸压开采方案研究 [J]．安全与环境学报，2015，15（1）：137-141.

[8] 李俊平，王晓光，赵兴明，等．某铅锌矿采空区处理与卸压开采方案的数值模拟 [J]．西安建筑科技大学学报（自然科学版），2015，47（5）：745-751，759.

[9] 王涛．基于 ANSYS 与 FLAC³ᴰ 对某滑坡稳定性进行分析 [J]．内江科技，2011，32（12）：23-23.

[10] 孙爱花，朱维申，隋斌．两种计算软件对清江水布垭工程的数值分析比较 [J]．岩石力学与工程学报，2004（Z2）：4952-4955.

[11] 高睿，张抒．基于 ANSYS 和 FLAC 的滑坡稳定性分析 [J]．中国西部科技，2009，8（29）：49-50.

[12] 李俊平，张浩，李鹏伟．毕机沟露天矿岩体力学参数折减系数的数值模拟确定 [J]．安全与环境学报，2016，16（5）：140-145.

后　　记

本书提出了爆破诱导崩落或松动引起应力向有利于安全生产的方向重分布的科学理念，借助理论推导、数值模拟或相似模拟，探讨了各类采空区或井巷工程如何应用爆破诱导崩落或松动手段，实现应力集中向有利于安全生产的方向重分布的科学问题，提出了水平至缓倾斜采空区、井巷工程、急倾斜采空区在复杂地压显现下如何实现应力释放与转移、消除顶板冲击地压及控制开采地压的一系列卸压开采的关键技术。

从本书的研究也可以看出，钻孔爆破与松动是目前实现卸压开采最为灵活、实用的卸压技术之一。但从钻孔爆破卸压控制井巷工程岩爆的研究中可以看出，静载数值模拟相比动载数值模拟还存在误差甚至错误。可见，动载数值模拟是未来数值实验的发展方向。

动载数值模拟中，除了需要岩体的静态物理、力学参数外，还需要屈服应力、切线模量等各类岩体的动态力学参数及炸药爆炸的有关参数，尽管炸药爆炸的有关参数可以借助爆破振动测试及炸药爆炸试验而科学地获取，但是岩体动态力学参数目前只能借助霍普金森杆等方式烦琐、不经济、不精确地获取，还需要开发科学、简便、经济的岩体动态力学参数的测试方法。而且，目前实现动载数值模拟只有abaqus+pfc、ansys/ls-dyna+pfc+flac 两条途径。前者模拟的重点是爆破产生的裂纹扩展，后者还未实现 PFC 与 FLAC 的真正融合，还必须借助 ANSYS/LS-DYNA 或爆破振动测试提取爆炸时程曲线或爆炸应力波，施加到等效粉碎区的边界上。因此，真正意义上实现精确的爆炸荷载影响下的动、静一体的应力分析，还必须发展融合一体的三维 ansys/ls-dyna+pfc+flac 计算平台。